暖通 CAD

主编 ◎ 刘小翠　胡国喜

郑州大学出版社

图书在版编目(CIP)数据

暖通 CAD / 刘小翠，胡国喜主编. — 郑州：郑州大学出版社，2024.11
ISBN 978-7-5773-0144-0

Ⅰ.①暖… Ⅱ.①刘…②胡… Ⅲ.①采暖设备 – AutoCAD 软件②通风设备 – AutoCAD 软件 Ⅳ.①TU83-39

中国国家版本馆 CIP 数据核字(2024)第 025040 号

暖通 CAD
NUANTONG CAD

策划编辑	祁小冬		封面设计	苏永生
责任编辑	刘永静		版式设计	王 微
责任校对	吴 波		责任监制	朱亚君

出版发行	郑州大学出版社		地　址	郑州市大学路 40 号(450052)
出 版 人	卢纪富		网　址	http://www.zzup.cn
经　销	全国新华书店		发行电话	0371-66966070
印　刷	郑州市今日文教印制有限公司			
开　本	787 mm×1 092 mm 1 / 16			
印　张	20.75		字　数	494 千字
版　次	2024 年 11 月第 1 版		印　次	2024 年 11 月第 1 次印刷

书　号	ISBN 978-7-5773-0144-0		定　价	49.00 元

前言

　　《暖通CAD》以浩辰CAD暖通简体中文版2024版本作为设计软件平台，详细介绍了CAD在暖通设计及管理工作中的应用方法与技巧。通过学习本书，可以快速掌握暖通空调专业图例、建筑采暖平面布置图、建筑采暖系统图、建筑采暖大样图、空调平面布置图、空调系统图等各种施工图的绘制及应用方法。本书还详细讲述了如何从CAD软件中将暖通空调图形转换输出为JPG/BMP格式图片或PDF格式文件的方法，如何将CAD绘制的图形快速应用到Word文档中，方便使用和浏览CAD图形。

　　在内容安排上，《暖通CAD》详细介绍了CAD的各种功能及其使用方法与技巧，而且全面又简明地讲述了暖通空调设计及其管理工作中经常使用的各种暖通空调设计图绘制过程和方法，真正达到轻松入门、快速使用、全面提高的目的。

　　本书共分八个项目，具体内容如下：

　　项目一主要介绍暖通CAD软件的基本知识、绘图的基础设置。

　　项目二主要介绍绘图的基本方法及选择方式；点、线、圆、多边形、图块、表格、填充的基本绘制方法。

　　项目三主要介绍绘图的基础编辑中的复制、偏移、删除、打断、倒角、圆角、镜像、旋转、缩放、移动、对齐等命令的应用。

　　项目四主要介绍暖通空调制图的规范要求，主要包括图纸、图线、字体、比例、符号、图样等。

　　项目五主要介绍建筑设计及负荷计算相关内容。

　　项目六主要介绍垂直采暖、分户计量及地板采暖的采暖系统图绘制方法和技巧。

　　项目七主要介绍通风工程、多联机、智能水路等通风空调的设计及布置方法。

　　项目八主要介绍文字、尺寸的标注方法以及图纸的输出与打印功能。

　　在结构上，以任务为主线，各任务分为知识链接和任务实施。通过知识链接对相关知识进行系统的介绍，通过任务实施进行综合练习。其中穿插操作技巧和注意事项，以使学习者掌握要领，少走弯路，尽快上手。

　　本书项目一、三、六、七由刘小翠负责编写，统筹教材中理论部分的阐述，确保知识体系的完整性和连贯性;项目二、四、五、八由胡国喜负责编写,着重关注教材中实践应用环节的设计,提供丰富的操作示例和练习题目。

本书理论与实践相结合,结构严谨、叙述清晰、内容丰富、通俗易懂,使用和可操作性强。读者既能了解 CAD 使用的基本概念,又能掌握利用 CAD 进行暖通空调设计图绘制的方法与技巧,且能融会贯通、举一反三,可满足实际暖通空调设计及施工管理工作的需要。

本书可以作为大中专院校暖通空调设计相关专业师生,暖通专业的 CAD 软件初、中级学习者,暖通工程专业各类 CAD 制图培训班,暖通专业设计人员等的学习用书。

编者力图使本书的知识性和实用性相得益彰,但由于水平有限,书中疏漏之处难免,敬请广大教师和业内专家给予指正。

编者

2024.7

目 录

项目一 暖通 CAD 绘图基础知识

项目二 暖通 CAD 基础绘图

项目三 图形编辑

项目四　暖通空调制图的规范要求

项目五　建筑平面图的绘制及负荷计算

项目六　采暖系统图样的绘制

项目七　通风空调系统图样的绘制

项目八　标注与输出

项目一　暖通 CAD 绘图基础知识

　　计算机绘图是 20 世纪 60 年代发展起来的新兴学科,是随着计算机图形学理论及其技术的发展而发展的。CAD(Computer Aided Design)即计算机辅助设计,是一门基于计算机技术而发展起来的,与专业设计技术相互渗透、相互结合的多学科综合性技术。AutoCAD 作为 CAD 领域的一套软件,具有强大的计算机绘图功能,有易于掌握、使用方便和体系结构开放等优点,能够绘制二维图形和三维图形,标注尺寸、渲染图形及打印出图等,被广泛应用于机械、建筑、电子、航天、造船、石油化工、土木工程、冶金、地质、气象、纺织、轻工和商业等领域。计算机辅助设计随着电子技术的不断完善逐渐成为工程必备的专业技术。

学习目标

知识目标

　　了解 CAD 绘图基本知识;
　　理解操作界面的不同分区及功能;
　　掌握配色方案主题切换的主要方法及命令的输入方式。

技能目标

　　能够根据制图需求定制快速访问工具栏;
　　可以根据需要对保存选项、路径、屏幕颜色、命令行大小、光标形状、文本窗口、字体等进行设置;
　　掌握绘图文件操作的基本方法并完成绘图前的基本设置;
　　掌握图层、辅助设置的基本应用。

情感目标

　　培养学生对暖通 CAD 绘图的兴趣和好奇心,激发学习的主动性;让学生建立对学习暖通 CAD 绘图知识的自信心。

任务一　暖通 CAD 软件的基本认知 ▶▶▶

　　本任务是关于计算机绘图的基本介绍以及暖通 CAD 软件的基本认知。通过学习,掌握基本的暖通设计知识并熟悉暖通 CAD 软件的界面,从而能够正确使用并进行操作,为暖通设计打下良好基础。

📌 知识链接

一、计算机绘图基本知识

　　计算机辅助设计(CAD)是指利用计算机的计算功能和高效的图形处理功能,对产品进行辅助设计分析、修改和优化。它综合了计算机知识和工程设计知识的成果,并且随着计算机硬件性能和软件功能的不断提升而逐渐完善。使用计算机绘图的技术人员也属于计算机绘图系统的一部分,将软件、硬件及人三者有效地融合在一起,是发挥计算机绘图强大功能的前提。

　　在暖通空调设计中,常常需要绘制各种施工图纸,例如建筑标准层采暖平面图、标准层采暖管道平面图、管道井大样图、户型采暖系统图、卫生间排风详图、暖通空调专业图纸目录及设计说明等,这些都可以用 CAD 轻松快速完成。特别说明一点,最为便利的还在于,用 CAD 绘制完暖通空调设计各种图形与表格后,还可以在 CAD 软件中将所绘制图形转换输出为 JPG/BMP 格式图片或 PDF 格式文件等,可以轻松应用到 Word 文档中,方便使用和浏览。

二、关于暖通空调设计基本知识

　　暖通是建筑设计中工种的一个分类的名称,在学科分类中的全称为供热供燃气通风及空调工程,本科阶段为建筑环境与设备工程。暖通空调包括采暖、通风、空气调节,简称 HVAC(Heating,Ventilating and Air Conditioning)。

(一)采暖(Heating)

　　采暖又称供暖,是指按需要给建筑物供给负荷,保证室内温度按人们要求持续高于外界环境温度,通常用散热器等设备。供暖系统组成:热媒制备设施(热源),热媒输送管道,热媒利用设施(散热设备)。

　　供暖形式分为两种,分别是局部供暖和集中供暖。局部供暖是将热源和散热设备合并成一个整体,分散设置在各个房间,如火炉、火墙、火炕、电红外线供暖;集中供暖是热源和散热设备分别设置,热源通过热媒管道向各个房间或各个建筑物供给热量的供暖形式。热水供暖系统是目前广泛使用的一种供暖系统。居住和公共建筑常采用热水供暖系统。

(二)通风(Ventilating)

通风是指向房间送入或由房间排出空气的过程,利用室外空气(又称新鲜空气或新风)来置换建筑物内的空气(又称室内空气),通常分为自然通风和机械通风两种。

(三)空气调节(Air Conditioning)

空气调节简称空调,用来对房间或空间内的温度、湿度、洁净度和空气流动速率进行调节,并提供足够量的新鲜空气的建筑环境控制系统。

一个建筑项目确立之后,首先由某个建筑设计院进行总体设计。建筑的总体设计一般包括:建筑设计,结构设计,基础设计,电力(强、弱电)设计,给排水设计,暖通设计,配套园林绿化景观设计,等等。暖通设计是指该项目中所需要的"空气调节系统"(简称"空调系统")。一般"空调系统"包括制冷供暖系统、新风系统、排风(排油烟)系统等的综合设计。所以说"暖通"从功能上是建筑的一个组成部分,并不是单指"空调"。

暖通空调设计包括建筑小区暖通空调总平面图、暖通空调平面图、暖通空调系统图、雨水排水平面图、卫生间暖通空调大样图、竣工图等内容。早期的暖通空调图纸主要是手工绘制,绘图的主要工具和仪器有绘图桌、图板、丁字尺、三角板、比例尺、分规、圆规、绘图笔、铅笔、曲线板和建筑模板等。比纯手工绘图更进一步的绘图方式,是使用绘图机及其相应设备绘制。

随着计算机及其软件技术的快速发展,暖通空调工程设计中,暖通空调图纸的绘制都已经实现计算机化,现在绝大多数工程设计使用计算机进行图纸绘制,然后使用打印机或绘图仪输出图纸。

三、浩辰 CAD 暖通设计软件介绍

浩辰 CAD 暖通是由浩辰公司开发的一款暖通设计软件,也是目前国内唯一同时支持浩辰 CAD 和 AutoCAD 的暖通设计软件,能够实现房间形状的自动识别和房间名称的自动提取功能,深度兼容 CAD 图形信息,保证了图纸中的所有可用信息不流失,实现了负荷计算参数的"零输入",既省时又可以简化设计流程。通过它能便捷地绘制二维施工图并零损失转换为三维效果图,方便查看,一目了然,可以清晰地看到各个线路的设计。

软件特色:

(1)唯一收录于《实用供热空调设计手册》的计算软件;

(2)与时俱进,严格按照行业规范和设计手册编制;

(3)二、三维同步生成,管道构建智能匹配和智能联动;

(4)贯穿整个设计流程的数据智能同步,全部设计参数无须人为干预;

(5)灵活开放的数据库,包含全计算参数数据库、图形数据库;

(6)智能化的水力计算,方便快捷的布置方式,二维与三维完美结合。

四、软件界面操作基础和设置

(一)浩辰 CAD 暖通操作界面与操作基础

操作界面主要包括快速访问工具栏、标题栏、功能区、浩辰暖通工具箱、绘图区、命令行、状态栏等,见图 1.1、图 1.2。

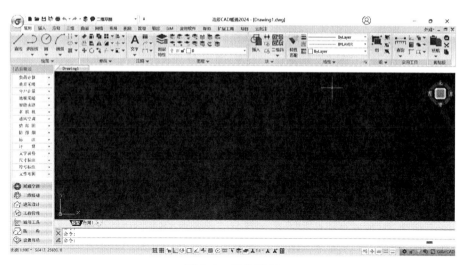

图 1.1　操作界面

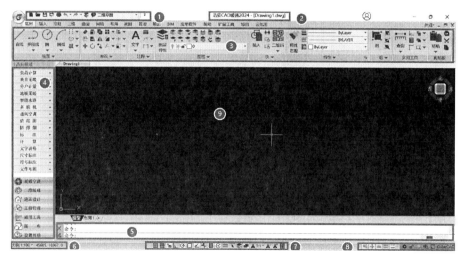

图 1.2　操作界面分区

①—快速访问工具栏;②—标题栏;③—功能区;④—浩辰暖通工具箱;⑤—命令窗口;
⑥—坐标显示区;⑦—辅助工具栏;⑧—常用工具栏;⑨—绘图区。

1.快速访问工具栏

快速访问工具栏见图 1.3。

图 1.3　快速访问工具栏

在"快速访问"工具栏的"工作空间"下拉列表框中选择"二维草图"选项,或者在状态栏中单击"切换工作空间"按钮 ,接着单击 从弹出的菜单中选择"二维草图"选项,即可进入二维草图界面,如图 1.4 所示。

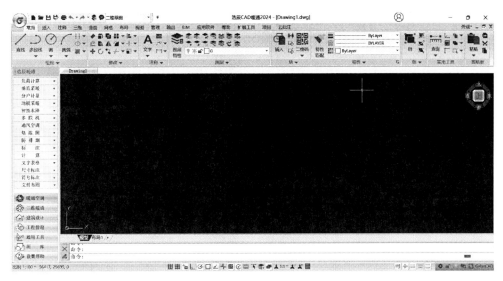

图 1.4　二维草图界面

如选择浩辰 CAD 暖通"传统界面"选项,则显示如图 1.5 所示。

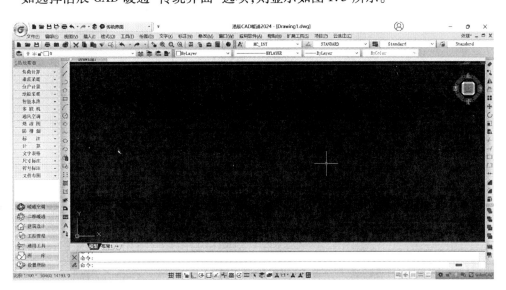

图 1.5　传统界面

2.标题栏

标题栏见图 1.6。

浩辰CAD暖通2024 - [Drawing1.dwg]

图 1.6　标题栏

5

标题栏位于工作界面顶部,其中显示了软件的名称,紧接着是当前打开文件名。若刚启动,且没有打开任何图形文件,则显示"Drawingn"("n"为自然数 1,2,3,…)。标题栏右侧有 3 个按钮,分别为:最小化按钮"一"、最大化按钮"▢"/恢复窗口大小按钮"▢"、关闭按钮"×"。

3. 功能区

功能区包括了浩辰 CAD 暖通中所有命令,如图 1.7 所示为"默认"界面上的工具面板,从左到右依次是"绘图""修改""图层""注释""块""特性""实用工具""剪贴板"工具面板。可以将光标放在功能区,单击鼠标右键来打开或关闭工具面板。

图 1.7　功能区

4. 浩辰暖通工具箱

浩辰暖通工具箱区域中可执行暖通相关方面操作,例如负荷计算、垂直采暖、分户计量、地板采暖、智能水路、多联机、通风空调、焓湿图、防排烟等,也可进行建筑设计、工程管理等操作,如图 1.8 所示。

浩辰暖通工具箱不见了的解决办法:同时按 Ctrl 键和"+"键调出(此处要注意不可使用数字键盘中的"+"键)。

5. 命令窗口

绘图区的下方是 CAD 独有的窗口组成部分,即命令窗口(图 1.9)。它由命令行和命令历史窗口(又称文本窗口)共同组成。命令行显示的是从键盘上输入的命令信息,而命令历史窗口中含有软件启动后的所有信息,命令历史窗口和命令行之间的切换可以通过<F2>功能键实现。绘图时,要注意命令行的各种提示,以便准确快捷地绘图。将光标移到命令窗口的边框线上,按住左键上下移动光标,即可改变命令窗口的大小。命令窗口的位置可以移动,单击边框并拖动它,就可将它移动到任意位置。

图 1.8　浩辰暖通工具箱

图 1.9　命令窗口

命令栏显示方法:Ctrl+9。要按主键盘中的"9",非数字键盘,来显示或关闭 CAD 命令栏。

6. 坐标显示区

坐标显示区如图 1.10 所示,显示绘图目前设置的比例及十字光标的坐标位置。比例可通过鼠标选择或进行自定义设置,如图 1.11 所示。

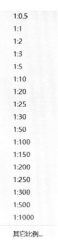

比例 1:100 ▾　38872, 13458, 0

图 1.10　坐标显示区

图 1.11　可选比例

7. 辅助工具栏

辅助工具栏分为使用图标和不使用图标两种模式,分别如图 1.12、图 1.13 所示。

图 1.12　使用图标辅助工具栏

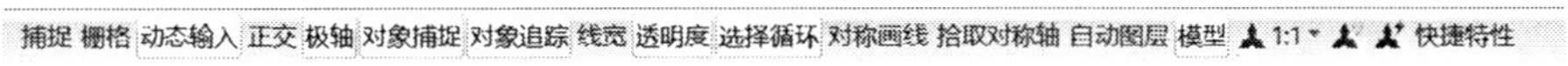

图 1.13　不使用图标辅助工具栏

两种模式切换方式:鼠标右击图标或文字,根据弹出对话框,可选择"启用"或"使用图标"选项。

8. 常用工具栏

常用工具栏见图 1.14。

常用工具栏主要用于对工具栏、窗口等固定工作空间切换及绘图区的全屏显示等。

图 1.14　常用工具栏

坐标显示区、辅助工具栏、常用工具栏统称为状态栏。

9. 绘图区

绘图区位于工作界面的正中央,即工作界面上最大的空白窗口,又称为视图窗口,是用来绘图的地方,在绘图区中有十字光标和坐标系图标,见图 1.15。绘图区的右边和下面分别有一个滚动条,可以利用它们进行视图的上下或左右移动,便于观察图纸的任意部位。绘图区的左下角是图纸空间(布局)和模型空间(模型)的切换按钮,可以在图纸空间和模型空间之间进行切换。

图 1.15　绘图区

(二)浩辰 CAD 暖通界面特点

浩辰 CAD 暖通界面主要有下面几个特点:

1. 可选的配色方案主题切换

浩辰 CAD 暖通界面支持色彩主题切换,包括 GstarCAD、浅蓝、蓝色、黑色、银色、水绿色六种配色方案,默认为 GstarCAD(图 1.16)。设计人员可以根据自己的喜好来选用颜色方案。

2. Ribbon 界面与传统界面切换

浩辰 CAD 暖通默认采用 Ribbon 界面(图 1.17)。Ribbon 界面有着传统的工具栏菜单界面无可比拟的优势,界面更加美观,功能组织也更为有效合理,可最小化功能区,还能为工作区域提供更多的显示空间,丰富的命令布局也可以帮助使用者更容易地找到重要、常用的功能。

图 1.16　配色方案主题切换

图 1.17　Ribbon 界面

如比较习惯使用传统的经典工作页面,可以根据快速工具栏中"工作空间"选项切换为"传统界面"(图 1.18)。

图 1.18 切换工作空间

更改后界面如图 1.19 所示。

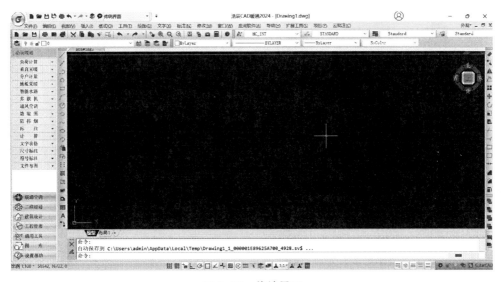

图 1.19 传统界面

3. 可配置、可扩展的功能区

可以将功能区最小化，以获取更多的显示空间。右击功能区空白处设置为自动隐藏，这样就可以使图形窗口最大化，或者快捷键（Ctrl+"+"），快速关闭或显示功能区。

功能区只在二维草图模式下显示，所以只有在二维草图模式下工作，方能实现功能区的最小化。

全屏显示功能（图 1.20），按 Ctrl+0 或按状态栏右下角的全屏显示按钮即可快速将各种控件隐藏，并使图形窗口最大化。

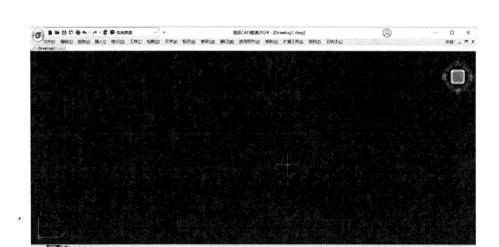

图 1.20　全屏显示

4.可定制的快速访问工具栏

快速访问工具栏是一个可自定义的工具栏,它包含一组独立于功能区选项卡的命令,通常是使用频率最高的命令,如图 1.21 所示。

图 1.21　快速访问工具栏

可以向快速访问工具栏中添加其他命令按钮,添加的方式有两种:一种是在快速访问工具栏中右键选择"自定义快速访问工具栏",此时会打开自定义界面对话框,在对话框中可以选择需要添加到此工具栏中的命令,如图 1.22、图 1.23 所示。

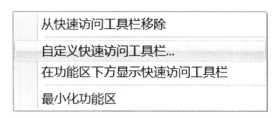

图 1.22　自定义快速访问工具栏

另一种是在快速访问工具栏右侧点击下拉箭头,勾选需要的项目添加到快速访问工具栏中,如图 1.24 所示。

图 1.23 自定义对话框

图 1.24 自定义快速访问工具栏可选项

5. 浩辰 CAD 暖通的命令输入方式

浩辰 CAD 暖通中很多命令可以利用多种方式输入,如在命令行输入命令、在下拉菜单中选取、在工具条上单击按钮、快捷键等,用户可以根据自己的习惯来决定输入方式。

在图形窗口动态输入命令时可以显示命令提示,可从列表中选择相关的命令和变量,不必输入完整的命令和变量名。一些命令和变量名字比较长,不太容易记忆,我们只需输入前两三个字母,就可以找到这个命令或变量。

11

(三)浩辰 CAD 暖通的常用设置

浩辰 CAD 暖通的一些基本设置在"选项"对话框中,在此对话框中可以根据需要对保存选项、路径、屏幕颜色、命令行大小、光标形状、文本窗口、字体等进行设置。

"选项"对话框打开方式:

菜单位置:[工具]→[选项];

命 令 行:Options(OP)

将鼠标放置在命令行或图形窗口,单击右键,在弹出的菜单中单击"选项"也可以打开"选项"对话框。

对话框上面显示了当前使用的配置的名称(如 Unnamed Profile)和当前图形的名称(如 Drawing1.dwg)。对话框中的选项设置都是针对当前使用的配置(Unnamed Profile)来进行设置和修改的,也只针对当前配置(Unnamed Profile)生效。如果将当前配置切换为其他配置时,将显示新配置对应的选项。当图形文件改变时,部分和图形文件关联的配置将相应地发生改变。

1. 文件选项卡

该选项卡提供了对当前配置的搜索路径和系统文件的设置功能,允许指定浩辰 CAD 暖通搜索支持文件、菜单文件和其他文件的文件夹,方便根据自己的需要设置相应的搜索路径。选项"文件"对话框如图 1.25 所示。

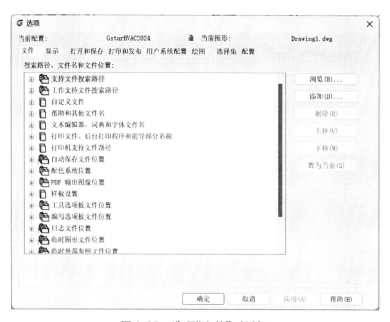

图 1.25　选项"文件"对话框

2. 显示选项卡

该选项卡提供对当前配置的多种显示选项自定义的功能,如背景颜色设置、屏幕菜单显示的设置、滚动条显示设置、命令行字体设置等常用的配置选项。选项"显示"对话框见图 1.26。

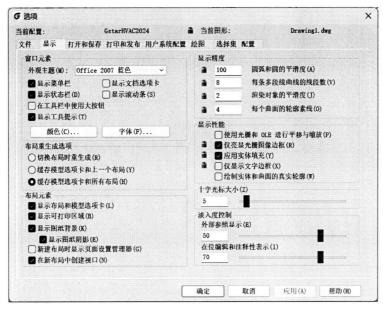

图 1.26　选项"显示"对话框

3. 打开和保存选项卡

该选项卡包括了控制当前配置中与打开和保存文件相关的选项,如文件保存选项设置、文件安全措施相关选项设置、文件打开选项设置、外部参照选项设置等。选项"打开和保存"对话框见图 1.27。

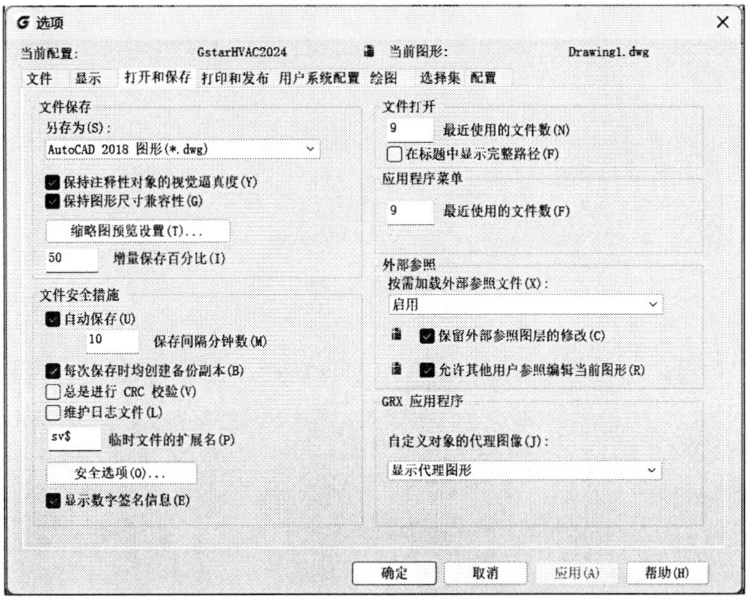

图 1.27　选项"打开和保存"对话框

文件安全措施中如果勾选了"每次保存时均创建备份副本",当编辑保存文件时,在图纸所在目录下就会生成扩展名为 BAK 的备份文件。MOVEBAK 移动备份文件的命令可以为 BAK 备份文件设置一个单独的路径,所有 BAK 文件都保存在此目录下,这样可以方便后期统一处理和删除这些备份文件,也可以保证图纸目录下不产生多余文件。

4.打印和发布选项卡

在选项对话框中,可以设置默认的打印设备、打印戳记、打印样式表,这样在创建新图后无须重复设置打印机和打印样式表,还可以配置绘图仪、修改打印样式表、调整一些与打印设备和打印偏移相关的选项。选项"打印和发布"对话框见图1.28。

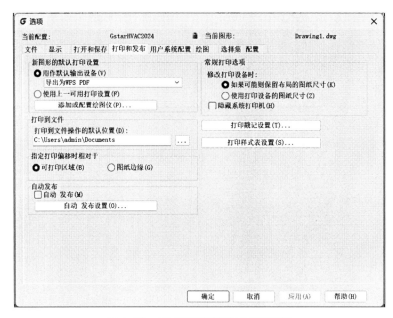

图 1.28   选项"打印和发布"对话框

5.用户系统配置选项卡

该选项卡包含控制浩辰 CAD 暖通中工作方式优化的选项,如 Windows 标准操作选项、插入比例的设置选项、坐标数据输入的优先级配置选项、关联标注配置选项及块编辑器设置选项等。选项"用户系统配置"对话框见图1.29。

6.绘图选项卡

该选项卡中指定了许多基本编辑选项。如自动捕捉设置选项配置、自动捕捉标记大小设置、AutoTrack 自动追踪设置、对齐点获取、靶框大小选项等。选项"绘图"对话框见图1.30。

7.选择集选项卡

该选项卡指定一些常用的配置选项,如拾取框大小设置、夹点大小设置、选择集模式相关选项设置、夹点相关选项的设置等。选项"选择集"对话框见图1.31。

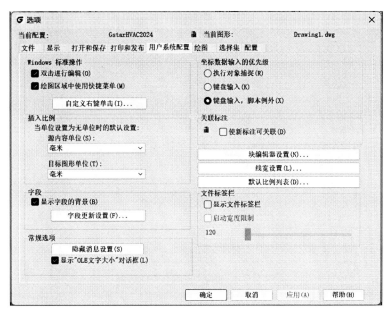

图 1.29 选项"用户系统配置"对话框

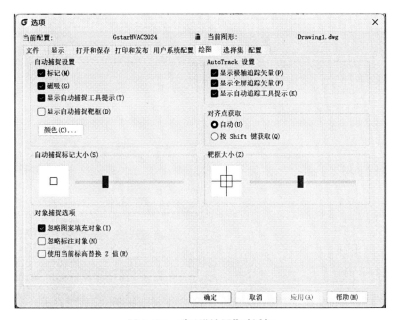

图 1.30 选项"绘图"对话框

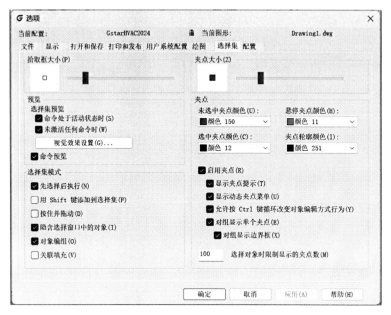

图 1.31　选项"选择集"对话框

在选项对话框的"选择集"选项卡中增加了"显示动态夹点菜单"的选项,动态夹点菜单打开效果如图 1.32 所示。

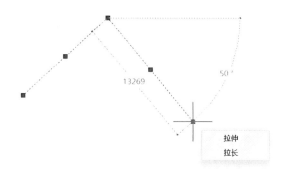

图 1.32　动态夹点显示

如果不想使用动态夹点菜单编辑图形,可以通过在选项对话框中取消选项,关闭后效果如图 1.33 所示。

8. 配置选项卡

选项对话框通过配置选项卡提供对多套平台配置的管理功能。即可以在一个平台下,维护多套不同的配置,根据不同的需要,对不同的配置进行不同的设置,并在需要时可以在不同配置之间方便地进行切换。同时,提供了配置的导入和导出功能,方便了配置的跨程序、跨 PC 共享。选项"配置"对话框见图 1.34。

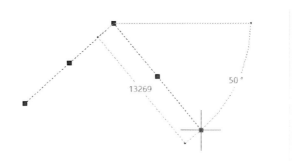

图 1.33 取消动态夹点显示

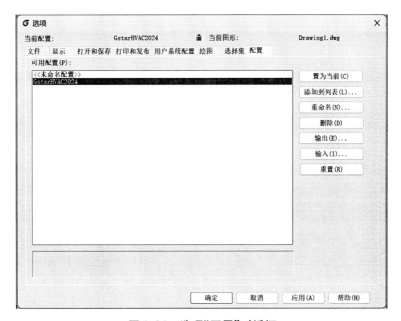

图 1.34 选项"配置"对话框

(四)绘图文件操作基本方法

1.建立新的 CAD 图形文件

启动软件后,可以通过如下几种方式创建一个新的 CAD 图形文件:

菜单位置:[文件]→[新建]

工 具 条:[标准]→[新建]

命 令 行:New(不区分大小写)

快 捷 键:Ctrl+N

执行"新建"命令后,将弹出"选择样板"对话框,可选择一个模板文件或使用默认样板文件,直接单击"打开"按钮即可,系统会生成一个图形文件名为"Drawing1. dwg"的新图,如图 1.35 所示。

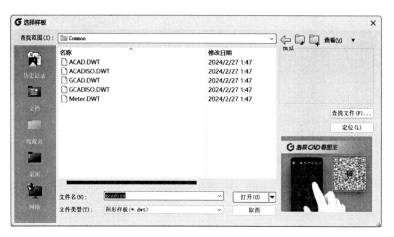

图1.35 "选择样板"对话框

2. 打开已有 CAD 图形

启动软件后,可以通过如下几种方式打开一个已有的 CAD 图形文件:

菜单位置:[文件]→[打开]

工 具 条:[标准]→[打开]

命 令 行:Open

快 捷 键:Ctrl+O

Open 命令是打开已经创建的图形。能够打开 dwg、dxf、dwt、dws 四种格式的文件,选中要打开的图形文件,单击"打开"即可,如图 1.36 所示。

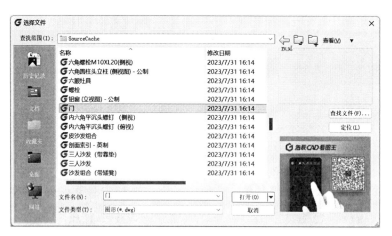

图1.36 "选择文件"对话框

3. 保存 CAD 图形

启动软件后,可以通过如下几种方式保存绘制好的 CAD 图形文件:

菜单位置:[文件]→[保存]/[另存为]

工 具 条:[标准]→[保存]

命 令 行:Qsave/Save

快 捷 键:Ctrl+S

存储的格式主要有 dwg 和 dxf。执行上述操作后,将弹出"图形另存为"对话框,在"保存在"中单击选取要保存文件的位置,然后输入图形文件名称,最后单击"保存"按钮即可,如图 1.37 所示。绘图过程中,为了防止意外情况数据丢失或图形完成时,应及时将图形文件保存。"另存为"可将当前图纸另存为新的文件。对于非首次保存的图形,软件不再提示上述内容,而是直接保存图形。

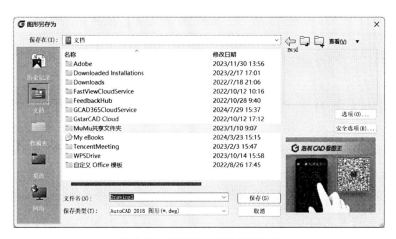

图 1.37 "图形另存为"对话框

在对话框中选择"安全选项",即可进入"安全选项"对话框,如图 1.38 所示,在对话框里可以输入密码对图纸进行加密。

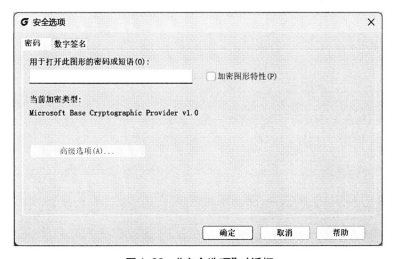

图 1.38 "安全选项"对话框

4. 关闭 CAD 图形

启动软件后,可以通过如下几种方式关闭图形文件:

菜单位置:[文件]→[关闭]

命 令 行:Close

点击图形右上角的"×"

执行"关闭"命令后,若该图形没有存盘,将弹出警告"是否将改动保存到＊＊＊＊＊.dwg?",提醒需不需要保存图形文件。选择"是(Y)",将保存当前图形并关闭它,选择"否(N)"将不保存图形直接关闭它,选择"取消"表示取消关闭当前图形的操作,如图1.39所示。

图1.39　警告提醒

5.退出浩辰 CAD 暖通软件

可以通过如下方式实现退出软件:

菜单位置:[文件]→[退出]

命 令 行:Exit 或 Quit

快 捷 键:Ctrl+Q

6.同时打开多个 CAD 图形文件

软件支持同时打开多个图形文件,若需在不同图形文件窗口之间切换,可以打开"窗口"下拉菜单,选择需要打开的文件名称即可。

任务实施

一、启动浩辰 CAD 暖通

双击浩辰 CAD 暖通桌面图标,启动浩辰 CAD 暖通,进入初始化及加载页面。创建一个新的 CAD 图形文件,选择样板 GCADISO,如图1.40所示。

二、切换主题颜色

通过快速访问工具栏,选择下拉箭头,将界面色彩主题切换为黑色。

三、工作空间切换为传统界面

通过快速访问工具栏,将"工作空间"切换为"传统界面",如图1.41所示。

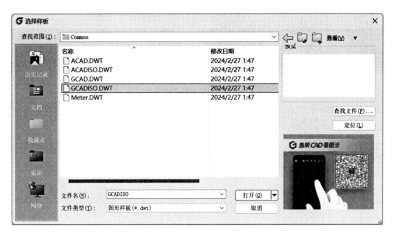

图 1.40 创建 CAD 图形文件

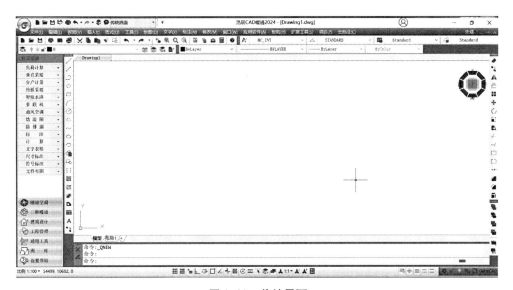

图 1.41 传统界面

四、更改绘图区背景颜色

打开"选项"对话框,选择"显示"选项卡,更改窗口元素的颜色,颜色更改为白色背景。

五、调整十字光标大小

打开"选项"对话框,选择"显示"选项卡,找到"十字光标大小"选项,将大小调整至10 即可(图 1.42)。

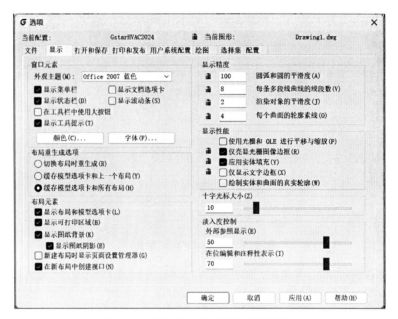

图 1.42 "选项"对话框"显示"选项卡

六、设置自动保存

打开"选项"对话框,选择"打开和保存"选项卡,找到"文件安全措施"选项,勾选自动保存,保存间隔分钟数修改为"20"分钟,如图 1.43 所示。

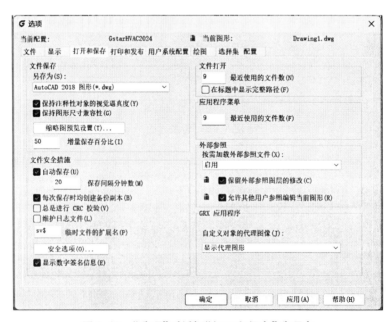

图 1.43 "选项"对话框"打开和保存"选项卡

七、调整夹点显示颜色

打开"选项"对话框,选择"选择集"选项卡,找到"夹点"选项,要求修改未选中夹点颜色为红色,悬停夹点颜色为黄色,选中夹点颜色为蓝色,夹点轮廓颜色为绿色,并不显示动态夹点菜单。"选项"对话框"选择集"选项卡如图 1.44 所示。

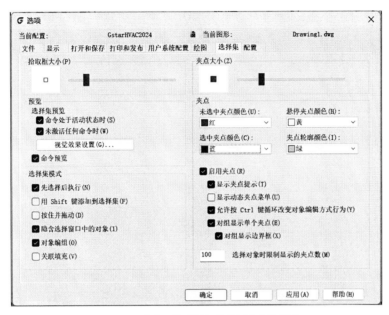

图 1.44　"选项"对话框"选择集"选项卡

八、另存为 CAD 图形

另存为 CAD 图形为". dwg"格式,并在对话框中选择"安全选项",进入"安全选项"对话框,设置密码为"cad123456"。

九、关闭 CAD 图形

设置密码另存以后,最后关闭 CAD 图形。

十、任务评价

姓名			学号			组别	
班级			日期			组长签字	
类别	项目	考核内容	自评	小组评	教师评	总分	评分标准
理论	基础知识(100分)	计算机绘图基本知识(25分)					根据掌握情况打分
		暖通空调设计基本知识(25分)					
		浩辰 CAD 暖通设计软件基本知识(25分)					
		软件界面操作基础和设置(25分)					
技能	技能目标(60分)	界面色彩主题切换(15分)					根据掌握情况打分
		绘图区背景颜色更换及十字光标大小调节(15分)					
		自动保存时间设置及文件加密(15分)					
		夹点状态及颜色设置正确(15分)					
	任务完成质量(30分)	掌握熟练程度(10分)					根据掌握情况打分
		准确及规范度(10分)					
		工作效率或完成任务速度(10分)					
	职业素养(10分)	遵守操作规范,养成良好的制图习惯;尊重他人劳动,不窃取他人成果;遵守课堂秩序;严格执行上机操作秩序规定(10分)					根据掌握情况打分

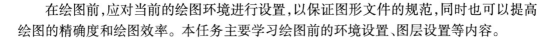

任务二　暖通 CAD 绘图的基础设置

在绘图前,应对当前的绘图环境进行设置,以保证图形文件的规范,同时也可以提高绘图的精确度和绘图效率。本任务主要学习绘图前的环境设置、图层设置等内容。

知识链接

一、环境设置

(一)绘图比例与单位

绘图过程中,图形及其要素在图纸上的尺寸与实际物体相应要素尺寸的比值称为比例。在绘图时一般采用规定的比例,如表1.1所示(其中 n 为正整数)。

表1.1　规定的比例

比例说明	比例值
与实物相同	$1:1$
缩小的比例	$1:1.5$　$1:2$　$1:3$　$1:4$　$1:5$　$1:10^n$ $1:1.5 \times 10^n$　$1:2 \times 10^n$　$1:2.5 \times 10^n$　$1:5 \times 10^n$
放大的比例	$2:1$　　$2.5:1$　　$4:1$　　$(10 \times n):1$

图样不论放大还是缩小,在标注尺寸时都要按机件的实际尺寸标注。每张图样上均要在标题栏的"比例"栏中填写比例,如 $1:1$ 或 $1:2$ 等。

绘制图样时,尽可能地按机件的实际大小绘制,即比例为 $1:1$,这样方便从图样中直接看出机件的真实大小。一般选择比例的原则是根据机件的大小及复杂程度来确定的,对于大而简单的机件采用缩小的比例,而对于小而复杂的机件则可以采用放大的比例。

如果按 $1:n$ 的比例来绘制图形,则比例因子就是 n。例如,绘图比例为 $1:10$,则比例因子就是10。

假定要绘制一个 $60 \text{ cm} \times 80 \text{ cm}$ 的机件,使用的图纸为 A3 幅面($297 \text{ mm} \times 420 \text{ mm}$)。此外,要考虑绘图时留出边界(约25 mm),标题栏区域为 $56 \text{ mm} \times 180 \text{ mm}$,则图纸上实际可用的区域为 $191 \text{ mm} \times 190 \text{ mm}$。由于 $600/190 = 3.16$,$800/370 = 2.16$,因此比例因子采用4。

在浩辰 CAD 暖通中提供了适合任何专业绘图的绘图单位,如英寸、毫米等,而且精度范围大。选择"格式"—"单位"命令,打开"图形单位"对话框,如图1.45所示。

图 1.45　"图形单位"对话框

可以根据需要来设置绘图时使用的长度单位、角度单位及单位的类型和精度等参数。

长度：在"长度"选项组中，可以分别利用"类型"和"精度"设置图形单位的长度类型和精度。默认"长度"类型为"小数"。

角度：在"角度"选项组中，可以设置图形的角度类型和精度。从"类型"下拉列表框中选择一个适当的角度类型，如"十进制度数"，然后在"精度"下拉列表框中选择角度单位的显示精度。

在浩辰 CAD 暖通中，默认角度是以逆时针方向为正方向，如果选中"顺时针"复选框，则以顺时针的方向为正方向。

插入时的缩放单位：在该选项组的"用于缩放插入内容的单位"下拉列表框中，可以选择设计中心块的图形单位。

旋转方向：在"图形单位"对话框中单击"方向"按钮，打开"方向控制"对话框，如图1.46 所示。

可以设置起始角 0°的方向，默认 0°方向是指向右（即正东方或三点钟）的方向，逆时针方向为角度增加的正方向。在"方向控制"对话框的"基准角度"选项组中，可以通过 5个角度选项改变角度测量的起始位置。选中"其他"单选按钮时，可以单击拾取角度按钮切换到图形窗口中，通过拾取两个点来确定基准角度 0°的方向。

光源：在"光源"选项组中，可以根据自己的视觉和实际需要选择光源类型。将光源应用于三维图形会产生很好的视觉效果。

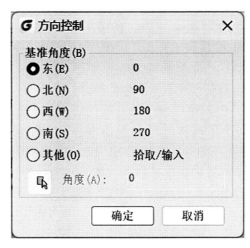

图 1.46 "方向控制"对话框

(二)设置图形界限

在浩辰 CAD 暖通中,无论是使用真实尺寸绘图,还是用变化后的数据绘图,都可以在模型空间中设置一个想象的矩形绘图区域,称为图形界限,以便绘图更加规范和便于检查。

两种打开方式:

菜单位置:[格式]→[图形界限]

命 令 行:LIMITS

设置绘图图形界限的命令为 LIMITS,可以使用栅格来显示图形界限区域。在世界坐标系下,图形界限由一对二维点确定,即左下角和右上角点。命令行输入 LIMITS,将显示如下:

指定左下角点或 [开(ON)/关(OFF)] <0,0>:

指定右上角点<420,297>:

"开(ON)"或"关(OFF)"选项可以设置能否在图形界限之外指定一点。选择"开(ON)",将打开界限检查,不能在图形界限之外结束一个对象,也不能使用"移动"或"复制"等命令将图形移到图形界限之外,可以指定两个点(中心和圆周上的点)来绘制圆,但圆的一部分可能在界限之外;选择"关(OFF)"(默认值),将停止界限检查,可以在图限之外绘制对象或指定点。

图形界限检查用于避免将图形绘制在假想的矩形区域之外。对于避免非故意在图形界限之外指定点,图形界限检查是一种安全检查机制。

(三)用户坐标、坐标系的使用

在绘图过程中要精确定位某个对象时,必须以某个坐标系作为参照,以便精确拾取点的位置。浩辰 CAD 暖通中的坐标系提供了精确绘制图形的方法,可以按照非常高的精度标准,准确地设计并绘制图形。

1. 世界坐标系与用户坐标系

坐标(x,y)是表示点的最基本方法。在浩辰 CAD 暖通中,设置用户坐标系见图 1.47,坐标系分为世界坐标系(WCS)(图 1.48)和用户坐标系(UCS)(图 1.49),这两种坐标系都可以通过坐标(x,y)来精确定位点。

在开始绘制新图形时,当前坐标系默认为世界坐标系即 WCS,它包括 X 轴和 Y 轴(如果在三维空间工作,还有一个 Z 轴)。

在浩辰 CAD 暖通中,为了能更好地捕捉绘图,经常需要修改坐标系的原点和方向,这时,将世界坐标系变为用户坐标系即 UCS。UCS 的原点位置可以改变,X 轴、Y 轴和 Z 轴的方向可以旋转,甚至可以依赖于图形中的某个特定对象。尽管用户坐标系中三个轴之间仍然互相垂直,但是在方向及位置上都更灵活。

两种设置用户坐标系方式:

菜单位置:[工具]→[命名 UCS]/[新建 UCS]

命 令 行:UCS

图 1.47　设置用户坐标系

图 1.48　世界坐标系　　　　　图 1.49　用户坐标系

2. 坐标的表示方法

在浩辰 CAD 暖通中,点的坐标可以使用绝对直角坐标系、绝对极坐标系、相对直角坐标系和相对极坐标系 4 种方法表示,它们的特点如下。

绝对直角坐标:从点(0,0)或点(0,0,0)出发的位移,可以使用分数、小数或科学记数等形式表示点的 X 轴、Y 轴和 Z 轴的坐标值,坐标间用逗号隔开,如点(15.2,20)和点(15.2,20,32.5)等。

绝对极坐标:从点(0,0)或点(0,0,0)出发的位移,但给定的是距离和角度,其中距离和角度用"<"分开,且二维空间中规定 X 轴正向为 $0°$,Y 轴正向为 $90°$,如点(20.5<30)和(34<60)等。

相对直角坐标系和相对极坐标系:相对坐标是指相对于某一点的 X 轴和 Y 轴位移或距离和角度,它的表示方法是在绝对坐标表达方式前加"@"号,如(@15.2,20)和(@34<60)。其中相对极坐标系中的角度是新点和上一点连线与 X 轴的夹角。

二、图层设置

浩辰 CAD 暖通中的各图层具有相同的坐标系、绘图界限和显示时的缩放倍数,可以对位于不同图层上的对象同时进行编辑操作。每个图层都有一定的属性和状态,包括图层名、开关状态、冻结状态、锁定状态、颜色、线性、线宽、透明度、打印样式和是否打印等。

(一)图层的基本操作和管理

菜单位置:[格式]→[图层]

工　具　条:[图层]→[图层特性管理器]

命　令　行:Layer

"图层特性管理器"对话框,如图 1.50 所示。

(二)创建新图层

单击"图层特性管理器"对话框中的"新建图层"按钮后,图层列表中将显示新创建的图层。第一次新建,列表中将显示名为"图层 1"的图层,随后名称依次为"图层 2""图层 3"……该名称处于选中状态时,可以直接输入一个新图层名。

对于已经创建的图层,如果需要修改图层的名称,可利用鼠标单击该图层的名称,使图层名处于可编辑状态,直接输入新的名称即可,如图 1.51 所示。

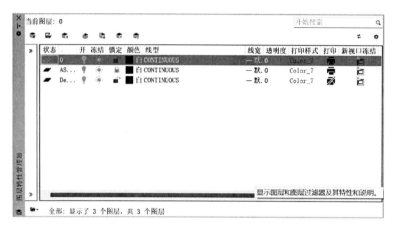

图 1.50 "图层特性管理器"对话框

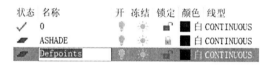

图 1.51 更改图层名称

单击"删除图层"按钮 ，可以删除当前选定的图层；单击"置为当前"按钮 ，可以将选定图层设置为当前图层，创建的对象将被放置到当前图层中。

(三)设置图层状态

控制图层状态包括控制图层开关（打开与关闭）、图层冻结（冻结与解冻）和图层锁定（锁定与解锁）等。

1.图层的打开与关闭

当图层打开时，它在屏幕上是可见的，并且可以打印。当图层关闭时，它是不可见的，即使"打印"选项是打开的，也不能打印。在"开"列表下，图标 表示图层处于打开状态，图标 表示图层处于关闭状态。

2.图层的冻结与解冻

冻结图层可以加快软件的运行速度，增强对象选择的性能并减少复杂图形的重生成时间。当图层被冻结以后，该图层上的图形将不能显示在屏幕上，不能被编辑，不能被打印输出。在"冻结"列表下，图标 表示图层处于解冻状态，图标 表示图层处于冻结状态。

3.图层的锁定与解锁

锁定图层后，选定图层上的对象将不能被编辑修改，但仍然显示在屏幕上，同时能被打印输出。在"锁定"列表下，图标 表示图层处于解锁状态，图标 表示图层处于锁定状态。

4.控制图层的可打印性

图层的可打印性是指某图层上的图形对象是否需要打印输出,系统默认是可以打印的。在"打印"列表下,打印特性图标有可打印 🖶 和不可打印 🖫 两种状态。当为可打印 🖶 时,该层图形可打印;当为不可打印 🖫 时,该层图形不可打印,通过单击可以进行切换。

(四)设置图层颜色

每个图层都具有一定的颜色。所谓图层颜色,指该图层上面的实体颜色。在建立图层的时候,图层的颜色承接上一个图层的颜色,对于图层0,系统默认的是 7 号颜色,该颜色相对于黑色的背景显示白色,相对于白色的背景显示黑色。

在绘图过程中,需要对各个层的对象进行区分,改变该层的颜色,默认状态下该层所有对象的颜色将随之改变。单击"颜色"列表下的颜色特性图标,打开"选择颜色"对话框,在此可以对图层颜色进行设置。

在"索引颜色"选项卡中,可以直接单击需要的颜色,也可以在"颜色"文本框中输入颜色号,如图 1.52 所示;在"真彩色"选项卡中,可以选择 RGB 和 HSL 两种颜色模式,如图 1.53 所示;在"配色系统"选项卡中,可以从系统提供的颜色表中选择一个标准表,然后从色带滑块中选择所需要的颜色。

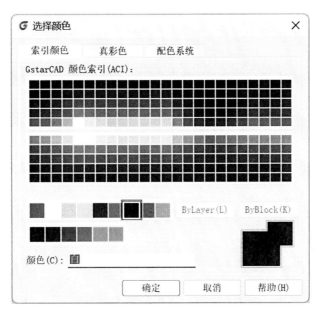

图 1.52 "选择颜色"的对话框"索引颜色"选项卡

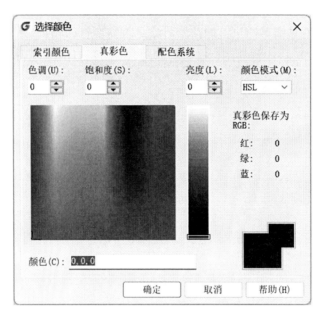

图 1.53 "选择颜色"对话框"真彩色"选项卡

（五）设置图层线型

图层线型是指在图层中绘图时所用到的线型,每一层都有一种相应的线型。不同的图层可以设置为不同的线型,也可以设置为相同的线型。软件提供了标准的线型库,在一个或多个扩展名为.lin的线型定义文件中定义了线型。可以使用软件提供的任意标准线型,也可以创建自己的线型。

在软件中,系统默认的线型是 CONTINUOUS,线宽也采用默认值 0 单位,该线型是连续的。在绘图过程中,如果希望绘制点划线、虚线等其他种类的线,就需要设置图层的线型和线宽。

单击"线型"列表下的线型特性图标,打开如图 1.54 所示的"选择线型"对话框。默认状态下,"选择线型"对话框中只有 CONTINUOUS 一种线型。单击"加载"按钮,打开如图 1.55 所示的"加载或重载线型"对话框,可以在"可用线型"列表框中选择所需要的线型,单击"确定"按钮返回"选择线型"对话框完成线型加载;在"选择线型"对话框中选择需要的线型,单击"确定"按钮回到"图层特性管理器"对话框,完成线型的设定。

（六）设置图层线宽

使用线宽特性可以创建粗细(宽度)不一的线,分别用于不同的地方,这样就可以图形化地表示对象和信息。

单击"线宽"列表下的线宽特性图标,打开如图 1.56 所示的"线宽"对话框,在"线宽"列表框中选择需要的线宽,单击"确定"按钮完成设置线宽的操作。

图 1.54 "选择线型"对话框

图 1.55 "加载或重载线型"对话框

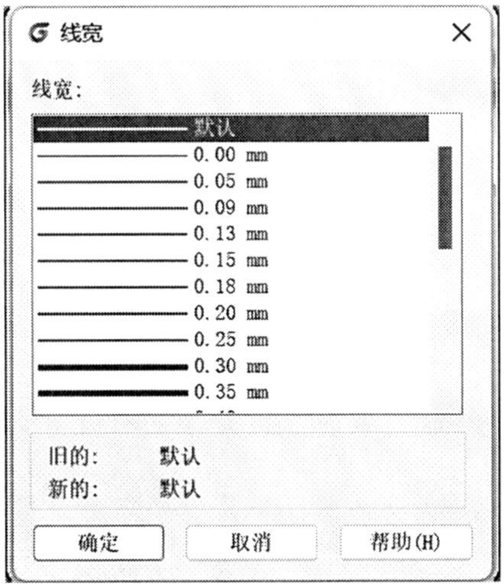

图 1.56 "线宽"对话框

三、命令的操作

在浩辰 CAD 暖通中,菜单命令、工具按钮、命令和系统变量都是相互对应的。可以选择某个菜单命令或某个工具按钮,或者在命令行中输入命令和系统变量来执行相应的命令,可以说命令是绘制与编辑图形的核心。

(一)命令的启动

在绘图窗口中,光标通常显示为十字线形式。当光标移到菜单选项、工具或对话框内时,就会变成一个箭头。无论光标是十字线形式还是箭头形式,单击鼠标都会执行相应的命令或动作。在浩辰 CAD 暖通中,鼠标键是按照下述规则定义的。

拾取键:通常指鼠标左键,用于指定屏幕上的点,也可以用来选择对象、工具栏按钮和菜单命令等。

Enter 键:通常指鼠标右键,相当于 Enter 键,用于结束当前命令,此时系统将根据当前绘图状态而弹出不同的快捷菜单。

弹出菜单:当使用 Shift 键和鼠标右键的组合时,系统将弹出一个快捷菜单,用于设置捕捉点的方法。

在浩辰 CAD 暖通中,大部分绘图、编辑功能也可以通过键盘输入来完成,即通过键盘可以输入命令、系统变量。此外,键盘还是输入文本对象、数值参数、点的坐标或进行参数选择的唯一方法。

(二)命令的重复、终止和撤销

在浩辰 CAD 暖通中,可以方便地重复执行同一条命令或撤销前面执行的一条或多条命令。撤销前面执行的命令后,还可以通过重做来恢复前面执行的命令。

1. 重复命令

可以使用多种方法来重复执行命令。例如,要重复执行上一个命令,可以按 Enter 键或空格键,或者在绘图区域中右击鼠标,从弹出的快捷菜单中选择"重复命令"。要重复执行最近使用的 6 个命令中的某一个命令,可以在命令窗口或文本窗口中右击鼠标,从弹出的快捷菜单的"近期使用的命令"中选择最近使用过的 6 个命令之一。

2. 终止命令

在命令执行过程中,可以随时按 Esc 键终止执行任何命令。

3. 撤销命令

有多种方法可以放弃最近一个或多个操作,最简单的就是使用 UNDO 命令来放弃单个操作,也可以一次撤销前面进行的多步操作,这时可以在命令提示行中输入 UNDO 命令,然后在命令行中输入要放弃的操作数目。例如,要放弃最近的 4 个命令,应该输入 4,系统将显示放弃的命令或系统变量设置。

输入的命令可以是大写,也可以是小写。

四、辅助控制

(一)设置捕捉模式和格栅显示

1.打开或关闭捕捉和栅格功能的方法

捕捉用于设定鼠标光标移动的间距。栅格是一些标定位置的小点,起坐标纸的作用,可以提供直观的距离和位置参照。在浩辰 CAD 暖通中,使用捕捉和栅格功能可以提高绘图效率。

两种打开方式:

状 态 栏:[捕捉]/[栅格]

热　　键:F9/F7

选择"工具"→"绘图设置"命令,打开"草图设置"对话框,如图 1.57 所示。在"捕捉和栅格"选项卡中勾选或撤选"启用捕捉"和"启用栅格"复选框。

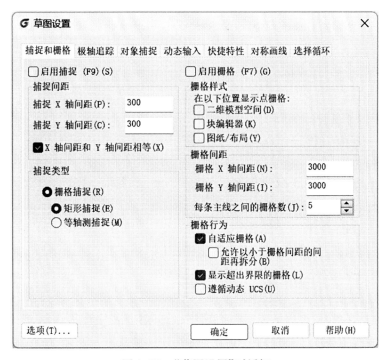

图 1.57　"草图设置"对话框

2.捕捉和栅格的参数设置

利用"草图设置"对话框中的"捕捉和栅格"选项卡,可以设置"捕捉和栅格"的相关参数,各选项的含义如下:

"启用捕捉"复选框:勾选该复选框,启动控制捕捉功能,与单击状态栏上的相应按钮功能相同。

"启用栅格"复选框:勾选该复选框,启动控制栅格功能,与单击状态栏上的相应按钮功能相同。

"捕捉 X 轴间距"文本框:设置捕捉在 X 轴方向的单位间距。

"捕捉 Y 轴间距"文本框:设置捕捉在 Y 轴方向的单位间距。

"X 轴间距和 Y 轴间距相等"复选框:设置 X 轴方向和 Y 轴方向的间距是否相等。

"栅格样式"选项组:设置栅格在"二维模型空间""块编辑器"和"图纸/布局"中是以点栅格出现还是以线栅格出现,勾选相应的复选框,则以点栅格出现,否则将以线栅格出现。

"栅格 X 轴间距"文本框:设置栅格在 X 轴方向的单位间距。

"栅格 Y 轴间距"文本框:设置栅格在 Y 轴方向的单位间距。

"每条主线之间的栅格数"文本框:指定主栅格线相对于次栅格线的频率。

"自适应栅格"复选框:勾选该复选框,表示设置缩小时,限制栅格密度。

"允许以小于栅格间距的间距再拆分"复选框:勾选该复选框,表示放大时,生成更多间距更小的栅格线。

"显示超出界限的栅格"复选框:勾选该复选框,表示显示超出 LIMITS 命令指定区域的栅格。

"遵循动态 UCS"复选框:勾选该复选框,则更改栅格平面以跟随动态 UCS 的 XY 平面。

(二)使用正交模式

打开正交绘图模式后,可限制光标只在水平或垂直轴上移动,来达到直角或正交模式下绘图的目的。

3 种打开方式:

状 态 栏:[正交]

命 令 行:Ortho

热　　键:F8

(三)使用极轴追踪

1.极轴追踪

创建或修改对象时,可以使用"极轴追踪"以显示由指定的极轴角度所定义的临时对齐路径,也可以使用极轴沿对齐路径按指定距离进行捕捉。

需要注意的是,正交模式将光标限制在水平或垂直(正交)轴上。因为不能同时打开正交模式和极轴追踪,因此正交模式打开时,浩辰 CAD 会关闭极轴追踪。如果再次打开极轴追踪,浩辰 CAD 将关闭正交模式。同样,如果打开极轴捕捉,栅格捕捉将自动关闭。

2.设置极轴追踪

可以使用极轴追踪沿着 90、45、30、22.5、18、15、10 和 5 的极轴增量角进行追踪,也可以指定其他角度,如图 1.58 所示。

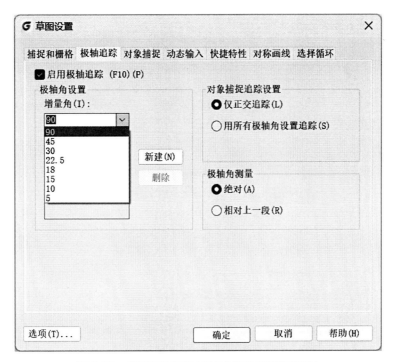

图 1.58 "草图设置"对话框"极轴追踪"选项卡

(四)设置对象捕捉

在绘图过程中,使用对象捕捉的频率非常高。浩辰 CAD 暖通提供了一种自动对象捕捉模式,见图 1.59。

自动捕捉就是当把光标放在一个对象上时,系统自动捕捉到对象上所有符合条件的几何特征点,并显示相应的标记。如果把光标放在捕捉点上多停留一会,系统还会显示捕捉的提示。这样在选点之前,就可以预览和确认捕捉点。

1. 打开方式

状 态 栏:[对象捕捉]

热　　键:F3

快 捷 键:Shift 键或 Ctrl 键并右击

2. 捕捉工具条说明

最近点:可以捕捉对象与指定点距离最近的点。这些对象包括直线、圆、圆弧、复合线、椭圆、样条曲线等距光标最近的点。

端点:可以捕捉到圆弧、直线、复合线、射线、平面等距光标最近的端点。

中点:可以捕捉到圆弧、直线、复合线、实体填充线、样条曲线等实体的中点。

圆心:可以捕捉到圆弧、圆、椭圆和椭圆弧的圆心。

垂足:可以捕捉到与圆弧、圆、构造线、椭圆、椭圆弧、直线、复合线、射线、实体或样条曲线等正交的点,也可以捕捉到对象的外观延伸的正交点。

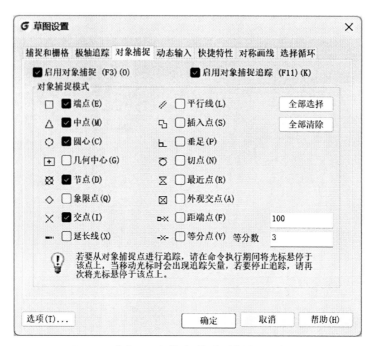

图 1.59 "草图设置"对话框"对象捕捉"选项卡

切点：可以在圆或圆弧上捕捉到与上一点相连的点，这两点形成的直线与该圆或圆弧相切。

象限点：可以捕捉到圆弧、圆或椭圆最近的象限点。

插入点：可以捕捉到块、文字、属性或属性定义等的插入点。

节点：可捕捉到用"Point"命令绘制的点或"Divide"命令和"Measure"放置的点。

交点：可以捕捉到圆弧、圆、椭圆、椭圆弧、直线、复合线、射线、样条曲线或构造线等对象之间的交点。

延长线：延伸捕捉模式用于捕捉直线或圆弧的延伸点。

平行线：平行捕捉模式用于绘制平行于另一对象的一直线。

外观交点：捕捉弧、圆、椭圆、直线、复合线、射线、样条曲线或参照线等两个对象的外观交点，这两个对象在三维空间不相交，但在图形显示里看起来是相交的。

无捕捉时可关掉实体捕捉，不论该实体捕捉是否通过菜单、命令行、工具条或绘图设置对话框设定的。

（五）对象追踪

点击界面底部的按钮可打开或关闭对象追踪定位功能，对象追踪可以和极轴追踪或对象捕捉功能合并使用。

（六）动态输入

动态输入是在执行输入时动态地显示光标的坐标、角度等信息，还可以根据输入自动提示匹配的命令，见图 1.60。

两种打开方式：

状 态 栏：［动态输入］

热　　键：F12

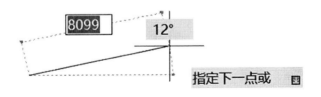

图 1.60　动态输入

　　在输入命令后，动态输入会显示命令的关键字（图 1.61），绘图时可以将注意力集中在光标周围，无须关注命令行提示。此外对于初学者来说，新的动态输入将带来更多的帮助，按左右方向键可以在参数之间切换，而且激活关键字列表后，可以用鼠标点取相关参数。

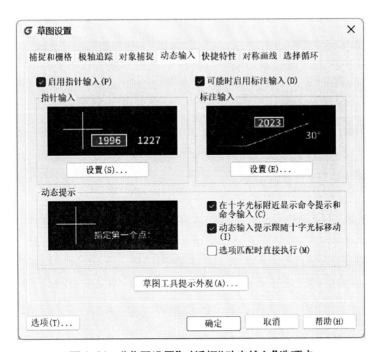

图 1.61　"草图设置"对话框"动态输入"选项卡

附键盘 F1 ～ F12 热键使用方法：

F1：按下后，弹出帮助窗口，可以查询功能命令、操作指南等帮助说明文字。

F2：按下后，弹出显示命令文本窗口，可以查看操作命令历史记录过程。

F3：开启、关闭对象捕捉功能。

F4：开启、关闭三维对象捕捉功能。

F5：按下后，提供切换等轴测平面不同视图，包括等轴测平面俯视、等轴测平面右视、轴测平面左视。在绘制等轴测图时使用。

F6：控制坐标的显示方式。

F7：显示、隐藏栅格线。

F8：打开、关闭正交模式。

F9：按下后，控制绘图时通过指定栅格距离大小设置进行捕捉。

F10：开启、关闭极轴追踪模式。

F11：开启、关闭对象捕捉追踪模式。

F12：开启、关闭动态输入模式。

五、图形的缩放与平移

浩辰 CAD 暖通的图形显示控制功能在工程设计和绘图领域中的应用极其广泛。控制图形的显示是工程人员必须掌握的技术，在暖通空调制图中同样很重要。在二维图形中，经常用到 3 个视图，即主视图、侧视图、俯视图，同时还要用到轴测图。在三维图形中，图形的显示控制就显得很重要。通过软件，可以使用多种方法来观察绘图窗口中绘制的图形，以便灵活观察图形的整体效果或局部细节。

按确定的比例、观察位置和角度显示图形的区域称为视图，在浩辰 CAD 暖通中可以通过缩放和平移视图来方便地观察图形。软件中提供了多种缩放与平移工具，如使用三键鼠标，可利用中间的滚轮进行缩放和平移，上下滚动滚轮可以缩小和放大视图，按住鼠标滚轮拖动鼠标，可平移视图。

（一）缩放视图

通过缩放视图，可以放大和缩小图形的屏幕显示尺寸，而图形的真实尺寸保持不变，见图 1.62 ~ 图 1.64。启用方式如下：

菜单位置：[视图]→[缩放]

工 具 条：[缩放]

命 令 行：Zoom（Z）

放大（I）：以当前的视窗为中心，将视窗显示内容放大 1 倍。

缩小（O）：以当前的视窗为中心，将视窗显示内容缩小为原来的 1/2。

实时缩放：激活实时缩放命令，按住鼠标左键，屏幕出现一个放大镜图标，上下移动放大镜图标即可实现即时动态缩放。

窗口（W）：通过拾取目标区域的两个对角，可以快速地将该矩形区域显示放大至整个视窗。

范围（E）：执行此命令后，全部图形将充满整个显示屏幕。

上一个（P）：执行此命令后，视窗显示回到前一个缩放状态。

图 1.62 菜单位置启动缩放指令

图 1.63 工具条位置启动缩放命令

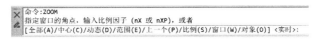

图 1.64 缩放命令行提示

(二)平移视图

使用平移视图命令可以重新定位图形,以便看清楚图形的其他部分,此时不能改变图形中对象的位置或比例,只是改变视图,见图 1.65。启用方式如下:

菜单位置:[视图]→[平移]

命 令 行:Pan(P)

使用平移命令平移视图时,除了可以实现向左、右、上、下 4 个方向平移视图,还可以使用"实时"和"点"命令平移视图。执行实时平移命令时,按住鼠标的中键不放,光标变成一个手的形状,在屏幕上移动此标记,即可在任意方向改变图形在屏幕的位置。

图 1.65　启动平移命令

任务实施

一、修改绘图单位

要求长度类型为小数,角度类型为十进制度数,精度为 0.0,见图 1.66。

图 1.66　"图形单位"对话框

二、设置图形界限

设置图形界限为(420,297),并设置不能在图形界限之外指定一点。

三、图层设置

按照图 1.67 内容,设置相应的图层名称、开关状态、冻结状态、锁定状态、颜色、线型、线宽、透明度、打印样式、是否打印等内容。

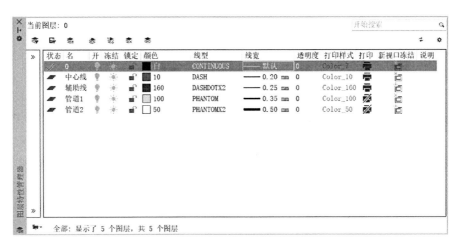

图 1.67 "图层特性管理器"对话框

四、设置捕捉和栅格

要求启动捕捉和栅格命令,并按图 1.68 要求设置 X、Y 轴捕捉间距。

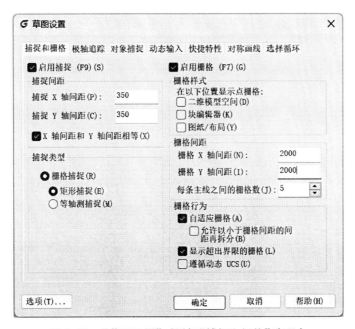

图 1.68 "草图设置"对话框"捕捉和栅格"选项卡

五、极轴追踪

启用极轴追踪,并设置增量角为30°,见图1.69。

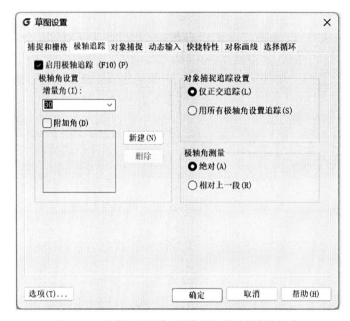

图1.69 "草图设置"对话框"极轴追踪"选项卡

六、设置捕捉目标

根据图1.70要求设置对象捕捉目标。

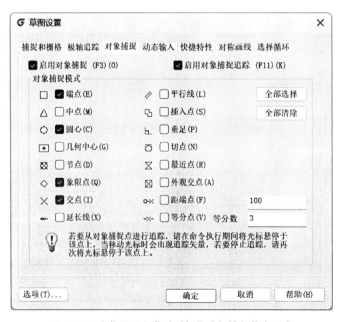

图1.70 "草图设置"对话框"对象捕捉"选项卡

七、动态输入

启用指针输入命令,并按照图 1.71 进行设置。

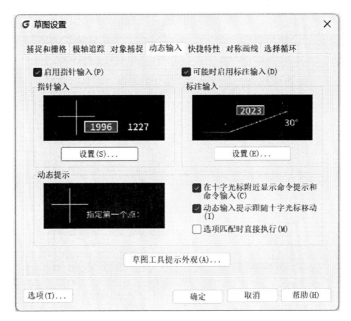

图 1.71 "草图设置"对话框"动态输入"选项卡

八、对称画线

启用"对称画线"命令,并按照图 1.72 进行设置。

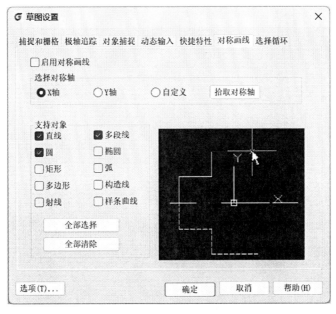

图 1.72 "草图设置"对话框"对称画线"选项卡

九、任务评价

姓名			学号			组别		
班级			日期			组长签字		
类别	项目	考核内容	自评	小组评	教师评	总分	评分标准	
理论	基础知识（100分）	绘图环境的设置方法（25分）						
		图层的应用及设置方法（25分）						
		命令的操作方式（25分）						
		辅助工具与缩放平移的应用（25分）						
技能	技能目标（60分）	图形单位的设置（15分）						
		图形界限的设置方法（15分）						
		图层名称的修改及颜色、线型、线宽等的设置（15分）						
		辅助工具的启动和设置（15分）						
	任务完成质量（30分）	掌握熟练程度（10分）						
		准确及规范度（10分）						
		工作效率或完成任务速度（10分）						
	职业素养（10分）	遵守操作规范，养成良好的制图习惯；尊重他人劳动，不窃取他人成果；遵守课堂秩序；严格执行上机操作秩序规定（10分）						

项目小结

1. 浩辰 CAD 暖通工作界面主要包括快速访问工具栏、标题栏、功能区、浩辰暖通工具箱、绘图区、命令行、状态栏等。

2. 浩辰 CAD 暖通工具箱不见了的解决办法：同时按 Ctrl 键和"+"键调出（此处要注意不可使用数字键盘中的"+"键）。

3. 命令行显示的是从键盘上输入的命令信息，而命令历史窗口中含有软件启动后的所有信息，命令历史窗口和命令行之间可以通过<F2>功能键进行切换。

4. 按 Ctrl+0 或按状态栏右下角的全屏显示按钮即可快速将各种控件隐藏，并使图形窗口最大化。

5. 绘制图样时，尽可能地按机件的实际大小绘制，即比例为 1∶1 绘制出，这样方便从图样中直接看出机件的真实大小。一般选择比例的原则是根据机件的大小及复杂程度来确定的，对于大而简单的机件则采用缩小的比例；而对于小而复杂的机件则可以采用放大的比例。

6. 在浩辰 CAD 暖通中，无论是使用真实尺寸绘图，还是用变化后的数据绘图，都可以在模型空间中设置一个想象的矩形绘图区域，称为图形界限，以便绘图更加规范和便于检查。设置绘图图形界限的命令为 LIMITS，可以使用栅格来显示图形界限区域。

7. 浩辰 CAD 暖通中的各图层具有相同的坐标系、绘图界限和显示时的缩放倍数，可以对位于不同图层上的对象同时进行编辑操作。每个图层都有一定的属性和状态，包括图层名、开关状态、冻结状态、锁定状态、颜色、线性、线宽、透明度、打印样式和是否打印等。

8. 在绘图窗口中，光标通常显示为十字线形式。当光标移到菜单选项、工具或对话框内时，就会变成一个箭头。无论光标是十字线形式还是箭头形式，单击鼠标都会执行相应的命令或动作。

9. 通过缩放视图，可以放大和缩小图形的屏幕显示尺寸，而图形的真实尺寸保持不变。

10. 使用平移命令平移视图时，除了可以实现向左、右、上、下 4 个方向平移视图，还可以使用"实时"和"定点"命令平移视图。执行"实时平移"命令，按下鼠标的中键不放，光标变成一个手的形状，在屏幕上移动此标记，即可在任意方向改变图形在屏幕的位置。

项目测评

一、单项选择

1. CAD 图形文件在默认情况下的保存格式为(　　)。

A. dwg   B. dwt

C. dws   D. dxf

2. 把一个编辑完成的图形换名保存到磁盘上,应使用的菜单选项是(　　)。

A. 打开   B. 保存

C. 另存为   D. 输出

3. 不能用(　　)方法来打开"捕捉"功能。

A. 在状态栏中单击"捕捉"按钮   B. 按 F7 键

C. 在"捕捉和栅格"选项卡中选中"启用捕捉" D. 按 F9 键

4. 正交模式和(　　)不能同时打开。

A. 极轴追踪   B. 对象追踪

C. 对象捕捉   D. 动态输入

5. 对象追踪必须与对象捕捉同时工作,即在追踪对象捕捉到点之前,必须先打开(　　)功能。

A. 正交   B. 对象追踪

C. 对象捕捉   D. 捕捉

6. 保存一个未命名的图形文件用(　　)命令。

A. 文件/保存   B. 文件/另存为

C. 文件/打开   D. 文件/快速保存

7. 绘制新图时可以用(　　)设置绘图区域界限。

A. UNITS   B. LINE

C. WIDTH   D. LIMITS

8. 要始终保持对象的颜色与图层的颜色一致,对象的颜色应设置为(　　)。

A. 随层   B. 随块

C. 颜色   D. 白色

9. 某图层的图线不能编辑或删除,但在屏幕上可见,能够捕捉其上的特殊点和标注尺寸,这种图层是(　　)。

A. 锁定的   B. 冻结的

C. 打开的   D. 解锁的

10. 在同时打开多个不连续的文件时使用的键是(　　)。

A. Alt   B. Ctrl

C. Shift   D. Esc

11. WCS 是 CAD 中的(　　　)。

A. 世界坐标 　　　　　　　　　　　B. 用户自定义坐标

C. 视图坐标 　　　　　　　　　　　D. 用户坐标

12. SAVE 命令可以(　　　)。

A. 保存图形 　　　　　　　　　　　B. 不会退出 AutoCAD

C. 定期地将信息保存在磁盘上 　　　D. 以上都是

13. 执行下述(　　　)操作可以更改绘图区背景颜色。

A. "工具"菜单→"选项"选项→"显示"选项卡

B. "工具"菜单→"选项"选项→"文件"选项卡

C. "工具"菜单→"选项"选项→"打开和保存"选项卡

D. "工具"菜单→"选项"选项→"系统"选项卡

14. UCS 中"S"的缩写单词是(　　　)。

A. system 　　　　　　　　　　　　B. sebacate

C. systaltic 　　　　　　　　　　　D. subaris

15. AutoCAD 中 CAD 标准文件扩展名为(　　　)。

A. dwg 　　　　　　　　　　　　　B. dxf

C. dwt 　　　　　　　　　　　　　D. dws

16. AutoCAD 不能处理的信息有(　　　)。

A. 矢量图形 　　　　　　　　　　　B. 光栅图形

C. 声音信息 　　　　　　　　　　　D. 文字信息

17. 极坐标是基于下列哪个坐标点到指定点的距离?(　　　)

A. 极坐标原点 　　　　　　　　　　B. 给定角度的上一指定点

C. 显示中心 　　　　　　　　　　　D. 以上都是

18. 要从键盘上输入命令,只需在"命令:"提示后输入何种形式的命令名?(　　　)

A. 小写字母 　　　　　　　　　　　B. 大写字母

C. 大小写字母均可 　　　　　　　　D. 不能通过键盘输入命令

二、多项选择

1. 可以通过以下(　　　)的方法激活一个命令。

A. 在命令行输入命令名 　　　　　　B. 单击命令对应的工具栏图标

C. 从下拉菜单中选择命令 　　　　　D. 右击,从快捷菜单中选择命令

2. AutoCAD 提供的坐标系有(　　　)。

A. 世界坐标系 　　　　　　　　　　B. 目标坐标系

C. 用户坐标系 　　　　　　　　　　D. 全球坐标系

项目二 暖通 CAD 基础绘图

二维图形的形状很简单,都是由一些基本图形单元组成,十分容易创建。浩辰 CAD 暖通为使用者提供了常见的基本图形,如点、直线、圆、圆弧、矩形等,可以通过浩辰 CAD 命令快速绘制出暖通空调系统的基本图形。二维图形的绘制是整个浩辰 CAD 的绘图基础,只有熟练掌握二维图形的绘图方法和技巧,才能够绘制出更加复杂的暖通空调所用图形。

学习目标

知识目标

认识并掌握选择对象的方式;
理解点样式更改的作用和方法;
掌握块命令的使用技巧及方法。

技能目标

学会使用不同方式调用选取命令;
熟练使用"点""线""圆""多边形"等工具绘制基础图形;
正确使用定距等分和定数等分命令,并改变点样式;
掌握表格的正确绘制方法和表格样式的设置方法。

情感目标

帮助学生在基础绘图实践中体验到成就感,增强对自身绘图能力的认可。培养学生严谨、细致的工作态度。

任务一 绘制的基本方法及选择方式

为了满足不同使用者的需要,使操作更加方便,浩辰 CAD 提供了多种方法来实现绘图时的相同功能。例如,可以使用"绘图"菜单、"绘图"工具栏、功能区和"绘图"命令 4 种方式来绘制基本的图形对象。如果要绘制较为复杂的图形,还可以使用"修改"菜单和"修改"工具栏来完成。

知识链接

一、绘制的基本方式

（一）使用"绘图"菜单

"绘图"菜单是绘制图形最基本也是最常用的方法,其中包括了大部分绘图命令,如图2.1"绘图"菜单所示,选择该菜单中的命令及其子命令,就可以绘制出相应的二维图形。

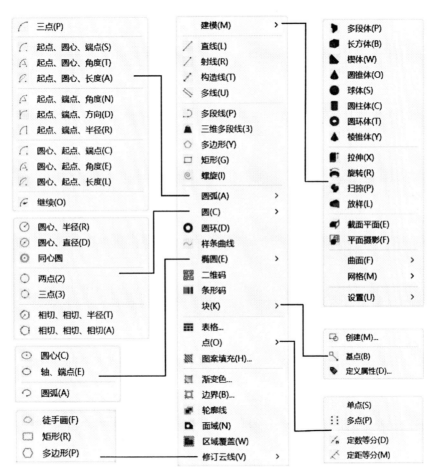

图2.1　"绘图"菜单

（二）使用"绘图"工具栏

"绘图"工具栏中的每个工具按钮都和"绘图"菜单中的绘图命令一一对应,只需选择相应的绘图命令即可绘图,如图2.2所示。

图2.2　"绘图"工具栏

(三)使用"绘图"命令

除使用以上两种方式外,还可以使用"绘图"命令来绘制图形,在命令行中输入所要绘制图形对应的命令,然后按 Enter 键,并且根据命令行的提示信息输入相应的绘图操作,就可以绘制出相应的图形。使用这种方式绘图会更加方便、快捷,而且准确率高,但要求必须掌握"绘图"命令及其选择项的具体功能。

在实际绘图中,经常采用命令行工作机制,用命令的方式实现使用者与系统的信息交互,前面所讲的两种方式是为了方便操作而设置的不同的调用绘图命令的方式。

二、选择对象

在对图形进行编辑操作之前,首先需要选择要编辑的对象。浩辰 CAD 会用虚线亮选所选的对象,而这些对象也就成了选择集,选择集可以包含单个对象,也可以包含更复杂的对象编组。在进行复制、粘贴等编辑操作时,都需要选择对象,也就是构造选择集。建立了一个选择集之后,可以将一组对象作为一个整体进行操作。为了快速、准确地选择对象,软件提供了多种选择对象的方式,以下介绍几种常用选择对象的方式。

(一)点选方式

点选方式是系统的默认方式,是最简便的对象选择方式,用拾取框直接选择对象,被选中的目标以高亮显示。选中一个对象后,命令行提示仍然是"选择对象:",可以继续选择,选择完毕后按 Enter 键结束操作。利用该方法选择对象方便直观,但精确度不高,尤其是在对象排列比较密集的地方选取对象时,往往容易选错或多选。此外,利用该方法每次只能选取一个对象,不便于选取多个对象。

(二)窗口方式

当需要选择的对象较多时,可以使用窗口选择方式,这种选择方式与 Windows 的窗口选择类似。首先在绘图区域中单击鼠标左键,将光标沿右下方拖动,再次单击形成选择框,选择框呈实线显示,选择框内颜色为蓝色,被选择框完全包容的对象将被选择。

(三)交叉窗口方式

交叉窗口选择与窗口选择的方式类似,不同的是交叉窗口模式光标由右下方往左上方移动形成选择框,选择框呈虚线,选择框内颜色为绿色。选定对象后,位于窗口之内或与窗口边界相交的对象都将被选中。

(四)全部方式

选择"编辑"→"全部选择"命令,或者按 Ctrl+A 组合键选择图形中所有没被锁定、关闭或冻结的图层上的所有对象。

👆 任务实施

一、绘制简单图形

请分别使用"绘图"菜单、"绘图"工具栏、"绘图"命令,绘制简单图形。

二、选择对象

分别使用点选方式、窗口方式、交叉窗口方式、全部方式选择图形，对比不同的选择方式有什么不同。

三、任务评价

姓名			学号			组别		
班级			日期			组长签字		
类别	项目	考核内容	自评	小组评	教师评	总分	评分标准	
理论	基础知识（100 分）	绘制图形的方法（25 分）						
		选择对象的方法（25 分）						
		"绘图"工具栏如何显示（25 分）						
		窗口方式和交叉窗口方式的特点（25 分）						
技能	技能目标（60 分）	正确使用四种绘制图形的方法（15 分）						
		正确使用四种选择对象的方法（15 分）						
		正确调用"绘图"工具栏（15 分）						
		根据实际情况正确使用选择对象的方法（15 分）						
	任务完成质量（30 分）	掌握熟练程度（10 分）						
		准确及规范度（10 分）						
		工作效率或完成任务速度（10 分）						
	职业素养（10 分）	遵守操作规范，养成良好的制图习惯；尊重他人劳动，不窃取他人成果；遵守课堂秩序；严格执行上机操作秩序规定（10 分）						

任务二 点和线的绘制及应用 ▶▶▶

点可以作为对象捕捉的节点,在绘制点时,可以在屏幕上直接拾取,也可以用于对象捕捉定位一个点。两个点(起点、终点)组成一条直线,直线在图形中是最基本的图形对象。

🖐 知识链接

一、点的绘制及应用

(一)启动点命令

在点、线、面三种类型图形对象中,点无疑是最基本的组成单位元素。点主要用于辅助点、偏移对象的节点、参考点或标记点使用。

启动点命令可以通过以下 3 种方式:

菜单位置:[绘图]→[点]

工 具 条:[绘图]→[点]

命 令 行:POINT

(二)设置点的样式

在制点之前可以根据需要设置点的样式和大小,使之具有更好的可见性。设置点的样式,选择"格式"→"点样式"命令,打开"点样式"对话框,如图 2.3 所示,在该对话框中,可以选择所需的点样式。

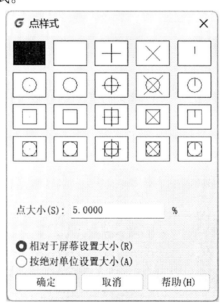

图 2.3 "点样式"对话框

(三)定距等分

定距等分(图2.4)是指在对象上以靠近拾取点的端点开始,按指定间距定出等分点,并放置点符号或块。

启动定距等分命令可以通过以下两种方式:

菜单位置:[绘图]→[点]→[定距等分]

命 令 行:MEASURE

图2.4 定距等分

(四)定数等分

定数等分(图2.5)是指在对象上以靠近拾取点的端点开始,按指定等分数量定出等分点,并放置点符号或块,会平均地将对象分割成指定的分割数。

启动定数等分命令可以通过以下两种方式:

菜单位置:[绘图]→[点]→[定数等分]

命 令 行:DIVIDE

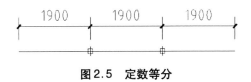

图2.5 定数等分

二、线的绘制及应用

在工程图样中,直线和由直线构成的几何图形是应用最广泛的一种图形对象。

(一)绘制直线

直线是各种绘图中最常用、最简单的一类图形对象,指定起点和终点即可以绘制一条直线。

启动直线命令可以通过以下三种方式:

菜单位置:[绘图]→[直线]

工 具 条:[绘图]→[直线]

命 令 行:Line(L)

浩辰 CAD 暖通在直线命令中增加了角度(A)选项,可以直接输入直线相对 X 轴正向的角度,也可以设置相对于其他直线的角度;当绘制第二段直线的时候,还可以直接输入相对上一段的夹角,无须借助极轴、构造线,直接用直线命令就可以完成各种角度直线的绘制。

(二)构造线

构造线是一种通过一个定点、方向和角度决定且两端均无终点的直线,主要用来定位辅助绘图。

启动构造线命令可以通过以下三种方式:

菜单位置:[绘图]→[构造线]

工 具 条:[绘图]→[构造线]

命 令 行:Xline

(三)射线

射线是有起点无终点的一种直线,由于射线无终点,所以不能将它作为计算图形大小的一部分,主要用来定位辅助绘图。

启动射线命令可以通过以下两种方式:

菜单位置:[绘图]→[射线]

命 令 行:Ray

(四)多段线

1.绘制多段线命令

多段线是由弧和线组成的多段连接线,可以用任意线型绘制多段线。

启动多段线命令可以通过以下三种方式:

菜单位置:[绘图]→[多段线]

工 具 条:[绘图]→[多段线]

命 令 行:Pline(PL)

命令:PL PLINE

多段线命令中增加了以下选项:

圆弧(A)选项:从绘制直线方式切换到绘制圆弧方式。

半宽(H)选项:设置多段线的半宽度,即多段线的宽度等于输入值的2倍,其中,可以分别指定对象的起点半宽和端点半宽。

长度(L)选项:指定绘制的直线段长度。软件将以该长度沿着上一直线的方向绘制直线段。如果前一段线的对象是圆弧,则该直线的方向为圆弧端点的切线方向。

放弃(U)选项:删除多段线上的上一段直线段或者圆弧段,以方便及时修改在绘制多段线过程中出现的错误。

宽度(W)选项:设置多段线的宽度,可以分别指定对象的起点半宽和端点半宽。具有宽度的多段线填充与否可以通过 FILL 命令来设置,如果将模式设置成"开(ON)"时,则绘制的多段线是填充的;如果将模式设置成"关(OFF)"时,则所绘制的多段线是不填充的。

角度(N)选项:设置下一段多段线的方向。

2.切换到绘制圆弧方式

在绘制多段线时,如果在"指定下一个点或［圆弧(A)/半宽(H)/长度(L)/放弃(U)/宽度(W)/角度(N)］:"命令提示行输入 A,可以切换到圆弧绘制方式。

3. 编辑多段线命令

可以用多段线修改命令 PEDIT 对其进行编辑修改。

绘制了至少一条多段线后,可以使用"撤销"选项来删除先前的线段。当绘制两个或两个以上的多段线后,可以使用闭合选项,绘制以第一条线段的起点为终点的线段;或选择"完成"来结束命令,建立非封闭的多段线。

浩辰 CAD 添加多段线夹点编辑功能,多段线夹点编辑增加了添加夹点、删除夹点、转换为圆弧、转换为直线等功能。

拖动顶点时按 Ctrl 键可以切换编辑模式,比如从拉伸切换为添加顶点和转换为圆弧。

(五)样条曲线

样条曲线(图 2.6)是由一组点定义的一条光滑曲线,可以利用样条曲线生成一些诸如涡轮叶片或飞机机翼等物体的形状。

启动样条曲线命令可以通过以下三种方式:

菜单位置:[绘图]→[样条曲线]

工　具　条:[绘图]→[样条曲线]

命　令　行:Spline(SPL)

浩辰 CAD 暖通提供了对样条曲线的编辑功能,在命令行输入 Splinedit 命令,便可以对样条曲线进行如下编辑操作:

拟合数据:编辑定义样条曲线的拟合点数据,不包括修改公差。

闭合:将开放样条曲线修改为连续闭合的环。

移动顶点:将拟合点移动到新位置。

优化:通过添加权值控制点及提高样条曲线阶数来修改样条曲线定义。

转换为多段线:可以将绘制的样条曲线转换成由直线和圆弧组成的多段线。

反转:修改样条曲线方向。

图 2.6　样条曲线

(六)螺旋线

螺旋线(图 2.7)命令可以用来绘制二维或三维的螺旋线。

启动螺旋线命令可以通过以下两种方式:

菜单位置:[绘图]→[螺旋线]

命　令　行:HELIX

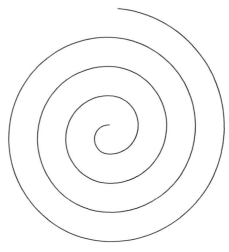

图2.7　螺旋线

(七)云线

云线(图2.8)是指由连续圆弧组成的线条造型。

启动云线命令可以通过以下三种方式:

菜单位置:[绘图]→[修订云线]

工 具 条:[绘图]→[修订云线]

命 令 行:REVCLOUD

图2.8　云线

🖐 任务实施

一、不同图层绘制直线

新建图形文件,设置不同图层,用"直线命令"(LINE)绘制简单的五角星,五角星尺寸自定,只需近似图形即可,效果如图2.9所示。

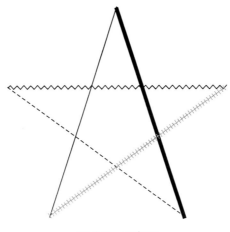

图 2.9 五角星

二、不同角度绘制直线

新建图形文件,用"直线命令"(LINE)绘制如图 2.10 ~ 图 2.17 所示图形。

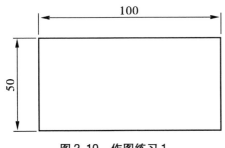

图 2.10 作图练习 1

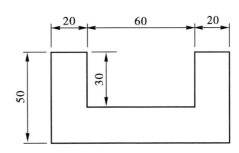

图 2.11 作图练习 2

图 2.10 提示:正确打开并使用"极轴"/"正交""对象捕捉""对象追踪"功能,提高作图效率。绘图过程中,鼠标控制十字光标指示正确方向,键盘输入数值配合作图。

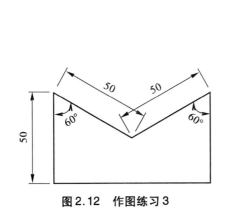

图 2.12 作图练习 3

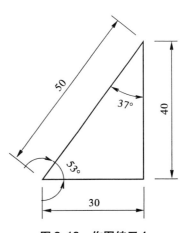

图 2.13 作图练习 4

59

图2.12 提示:修改"极轴"增量角为30°,辅助完成作图。

图2.13 提示:"直线命令"(LINE)绘图过程中,提示"指定下一点或"时,输入"角度(A)",完成指定角度绘图。

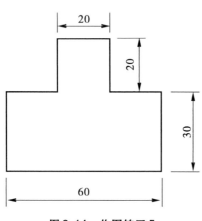

图2.14 作图练习5

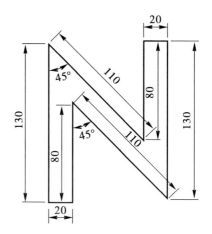

图2.15 作图练习6

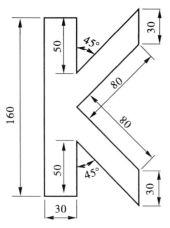

图2.16 作图练习7

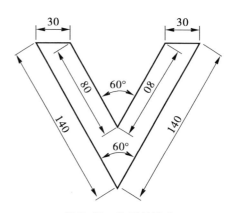

图2.17 作图练习8

60

三、任务评价

姓名			学号			组别		
班级			日期			组长签字		
类别	项目	考核内容	自评	小组评	教师评	总分	评分标准	
理论	基础知识（100分）	图层管理器的启用方法（25分）						
		文件保存及命名方法（25分）						
		线的绘制方法（25分）						
		极轴角度的更改方法（25分）						
技能	技能目标（60分）	正确使用线命令绘制图形（15分）						
		正确设置图层及颜色、线型、线宽（15分）						
		正确按照尺寸要求绘制图形（15分）						
		正确按照角度要求绘制图形（15分）						
	任务完成质量（30分）	掌握熟练程度（10分）						
		准确及规范度（10分）						
		工作效率或完成任务速度（10分）						
	职业素养（10分）	遵守操作规范，养成良好的制图习惯；尊重他人劳动，不窃取他人成果；遵守课堂秩序；严格执行上机操作秩序规定（10分）						

任务三 圆和多边形的绘制及应用

🖐 **知识链接**

一、圆、圆弧、椭圆和圆环的绘制

圆、圆弧、椭圆和圆环都属于曲线对象,其绘制方法相对于线性对象要复杂一些,方法也比较多。

(一)绘制圆

启动圆命令可以通过以下三种方式:

菜单位置:[绘图]→[圆]

工 具 条:[绘图]→[圆]

命 令 行:Circle(c)

命令:C CIRCLE

有多种方式可以绘制圆,默认的方法是指定圆心和半径。

也可以用下列任一方法来绘制圆:

a.圆心-直径;

b.两点;

c.三点;

d.相切-相切-半径;

e.相切-相切-相切;

f.将圆弧转变为圆。

在使用浩辰 CAD 暖通绘制圆时,可以选取多次(M)选项。通过设定一个圆的尺寸,从而快速绘制多个同尺寸的圆(图 2.18)。

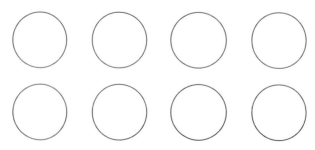

图 2.18 使用"多次"选项绘制圆

使用同心圆(C)选项,利用此选项,在确定圆心后,可以依次输入多个半径,一次创建多个同心的圆(图 2.19)。

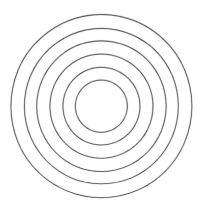

图 2.19　使用"同心圆"选项绘制圆

(二)绘制圆弧

启动圆弧命令可以通过以下三种方式:

菜单位置:[绘图]→[圆弧]

工 具 条:[绘图]→[圆弧]

命 令 行:Arc(a)

弧是圆的一部分,默认的绘制弧方法是选取起点、第二点和终点。

也可以用下列任一方法来绘制弧:

a. 圆心-起点-终点;

b. 起点-圆心-终点;

c. 两点-夹角。

(三)绘制椭圆

启动椭圆(图 2.20)命令可以通过以下三种方式:

菜单位置:[绘图]→[椭圆]

工 具 条:[绘图]→[椭圆]

命 令 行:Ellipse(EL)

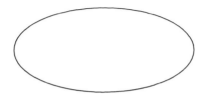

图 2.20　椭圆

系统默认绘制椭圆的方法是指定椭圆的第一轴的两个端点,再指定第二轴的半长。

也可以用下列任一方法来绘制椭圆:

a. 轴−旋转;

b. 中心−轴;

c. 中心−旋转。

(四)绘制圆环

圆环(图2.21)是由封闭的带宽度多段线组成的实心填充圆或环。

启动椭圆命令可以通过以下两种方式:

菜单位置:[绘图]→[圆环]

命 令 行:DONUT

图2.21　圆环

二、绘制多边形

(一)绘制矩形

启动矩形命令可以通过以下三种方式:

菜单位置:[绘图]→[矩形]

工 具 条:[绘图]→[矩形]

命 令 行:Rectang(Rec)

根据命令行的提示,可以改变矩形的特性,绘制各式矩形(图2.22)。

图2.22　各式矩形

(二)绘制多边形

启动多边形(图 2.23)命令可以通过以下三种方式：

菜单位置:[绘图]→[多边形]

工　具　条:[绘图]→[多边形]

命　令　行:Polygon(Pol)

多边形是由最少 3 个、最多 1024 个等长的复合线组成的封闭图形。浩辰 CAD 暖通默认的绘制多边形的方法是指定多边形的边数、中心和内切圆或者外接圆的半径。也可以利用指定多边形的数目、一点的位置和边长来绘制多边形。

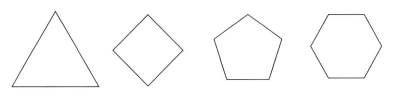

图 2.23　多边形

三种多边形(图 2.24)绘制方法：

1. 内接于圆:多边形的顶点均位于假设圆的弧上,需要指定其边数和半径。

2. 外切于圆:多边形的各边与假设圆相切,需要指定其边数和半径。

3. 边长:直接给出多边形边长的大小和方向,指定边长。

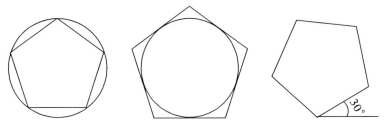

图 2.24　内接于圆、外切于圆、边长三种方式绘制多边形

任务实施

一、用"圆""圆弧""椭圆"等命令绘制简单的图形

绘制图 2.25 ~ 图 2.30 所示图形。

图 2.25 提示:打开"对象捕捉"中"几何中心"选项,本图两个圆、矩形、正六边形均共用一个几何中心。

图 2.26 提示:根据圆的半径,计算出三角形边长,以边长方式绘制三角形,从而确定三个顶点为圆心,进而绘制圆形。

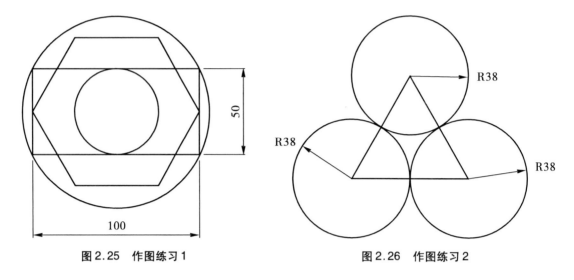

图 2.25　作图练习 1

图 2.26　作图练习 2

图 2.27 提示:图中心圆可采用"相切—相切—相切"的方式绘制。

图 2.28 提示:绘制长度为 50、角度为 30° 的直线为辅助线;本图左右两侧对称。

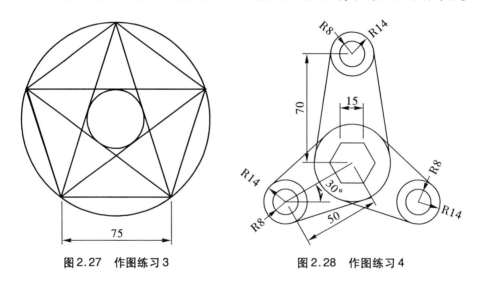

图 2.27　作图练习 3

图 2.28　作图练习 4

图 2.29 提示:以正四边形为基础,在此基础上进行绘制。

图 2.30 提示:圆弧默认方向为逆时针,合理选择起点及端点。

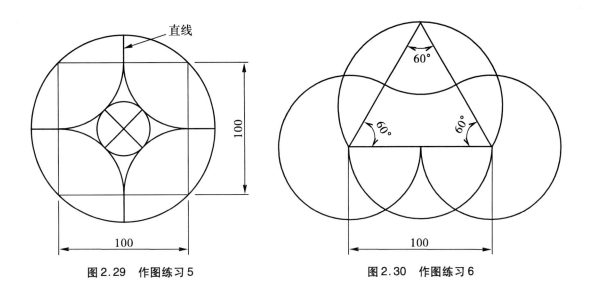

图 2.29 作图练习 5

图 2.30 作图练习 6

二、用"矩形"命令绘制简单的图形。

绘制图 2.31～图 2.34 所示图形。

提示:输入倒角、圆角的数值不同,效果不同;选取第一条线、第二条线的顺序不同,效果不同;输入数值正负不同,效果不同。

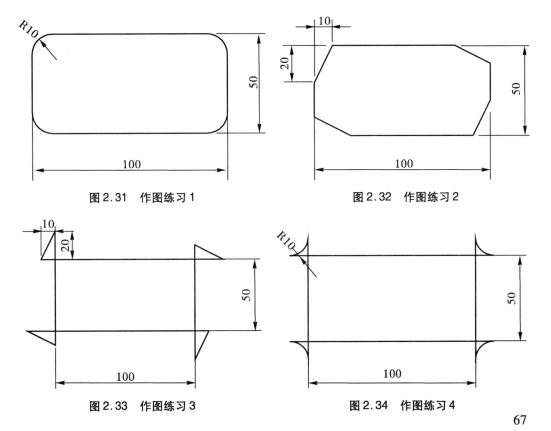

图 2.31 作图练习 1

图 2.32 作图练习 2

图 2.33 作图练习 3

图 2.34 作图练习 4

三、用"多边形"命令绘制简单的图形。

绘制图 2.35~图 2.40 所示图形。

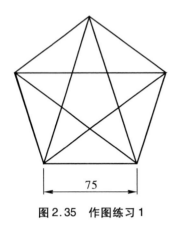

图 2.35　作图练习 1

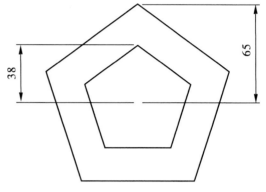

图 2.36　作图练习 2

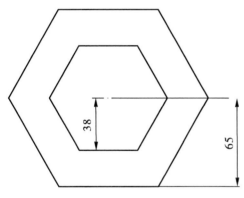

图 2.37　作图练习 3

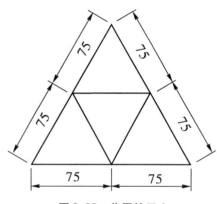

图 2.38　作图练习 4

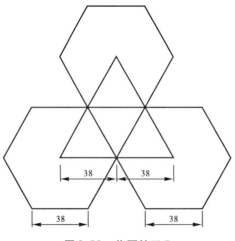

图 2.39　作图练习 5

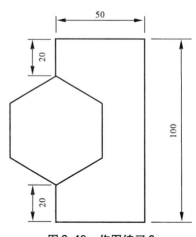

图 2.40　作图练习 6

四、任务评价

姓名			学号		组别		
班级			日期		组长签字		
类别	项目	考核内容	自评	小组评	教师评	总分	评分标准
理论	基础知识（100分）	矩形绘制方法（25分）					
		多边形绘制方法（25分）					
		圆、圆弧、椭圆等绘制方法（25分）					
		图纸分析（25分）					
技能	技能目标（60分）	使用边长方式绘制图形（15分）					
		会使用矩形倒角、圆角功能（15分）					
		能判断多边形的内接于圆和外切于圆的区别（15分）					
		角度、长度等尺寸绘制准确（15分）					
	任务完成质量（30分）	掌握熟练程度（10分）					
		准确及规范度（10分）					
		工作效率或完成任务速度（10分）					
	职业素养（10分）	遵守操作规范，养成良好的制图习惯；尊重他人劳动，不窃取他人成果；遵守课堂秩序；严格执行上机操作秩序规定（10分）					

任务四　图块、表格及填充的应用

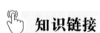 **知识链接**

一、图块

为了提高设计、制图的效率,通常可将一些重复使用的图元、实体定义为一个整体,并给这个整体命名并保存,这个整体就是图块。在以后的图形编辑中,图块被视为一个实体,可对图块进行复制、移动、镜像等各种操作,图块可以无建制重复调用,大大减少了设计师的重复劳动。

从存储的方式来看,图块可分为外部块和内部块。顾名思义,外部块指单独存储为外部文件的块,而内部块则指与其他图形对象共同存储于一个 DWG 文件中的块。从是否能够实现动态功能来看,图块可分为静态块和动态块。对于静态块,无法对其进行动态调整,如果需要修改块,只能进入块编辑器去修改,或者将块炸开,重新编辑并定义块。与静态块相比,动态块有良好的调整能力,可以在无须改变或重定义块的情况下快速实现块的调整。

(一)创建块

1. 内部块

用此方法定义的图块只能在定义图块的图形中调用,而不能在其他图形中调用,因此用此方法定义的图块称为内部块。

启动内部块命令可以通过以下三种方式:

菜单位置:[绘图]→[块]→[创建]

工 具 条:[绘图]→[创建块]

命 令 行:Block(B)

执行创建块命令后会弹出对话框,在对话框中输入块名,利用窗口选择要定义的块的元素,然后根据需要定义一个插入点,即可完成定义块的操作,如图 2.41 所示。

2. 外部块

用此方法定义的图块可将图形文件中的整个图形、内部块或某些实体写入一个新的图形文件,其他图形均可以将它作为块调用,因此称之为外部块。

启动外部块命令可以通过该方式:

命 令 行:Wblock/W

执行 Wblock 命令后,系统弹出如图 2.42 所示的对话框,选择外部块文件在磁盘上的存储位置和路径,输入文件名,单击"保存",选取块对象的插入点和块的内容,回车后完成块保存操作。

图 2.41 "块定义"对话框

图 2.42 "写块"对话框

(二)插入图块

可以在当前图形中插入图块或别的图形。

启动插入块命令可以通过以下三种方式：

菜单位置：[插入]→[图块]

工 具 条：[绘图]→[插入块]

命 令 行：Insert(I)

当插入图块或图形时，必须指定插入点、比例与旋转角度(图 2.43)。图块的插入点为建立图块时的指定参考点。当插入图形为图块时，程序会以图块创建时的基点为图块的插入点。

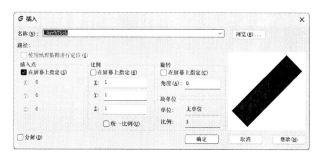

图2.43 "插入"图块对话框

对话框选项说明：

浏览：此项用来选取要插入的外部块，单击"浏览"，选择要插入的外部图块文件名称，点击"打开"，返回上图对话框。

名称：在该下拉列表框中选择预插入的内部块名。

在屏幕上指定：勾选此复选框，将在插入时确定图块定位、比例因子、旋转角度。不勾选此框，则需要在命令行中输入坐标、比例因子和旋转角度。

插入点(X,Y,Z)：此三项输入框用于输入坐标值确定在图形中的插入点。当勾选"在屏幕上指定"后，三项呈灰色，为不可用。

比例(X,Y,Z)：此三项输入框用于预先输入图块在 X 轴、Y 轴、Z 轴方向上缩放的比例因子。此三项比例因子可以相同，也可以不同，缺省值为 1，当勾选"在屏幕上指定"后，此项呈灰色，为不可用。

旋转：图块在图形中可以任意改变角度。在此输入图块的旋转角度。当勾选"在屏幕上指定"后，此项呈灰色，为不可用。

(三)定义块属性

启动定义块属性命令可以通过以下两种方式：

菜单位置：[绘图]→[块]→[定义属性]

命 令 行：DDATTDEF/Attdef

定义属性用以描述图块，"属性定义"对话框如图 2.44 所示。

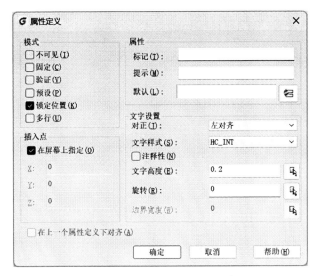

图 2.44 块"属性定义"对话框

二、表格

浩辰 CAD 暖通中的表格提供了与 AutoCAD 兼容的表格功能,可设置表格样式,创建、编辑表格,还可以将表格输出成 CSV 文件,到 Excel 中打开。

(一)创建表格

启动新建表格命令:命令行输入 TABLE。"插入表格"对话框见图 2.45。

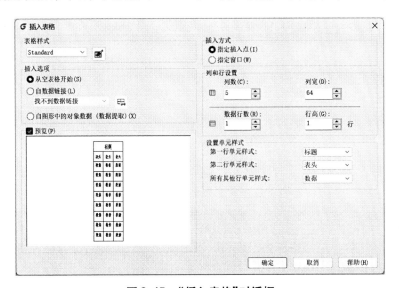

图 2.45 "插入表格"对话框

　　可设置表格样式、插入方式、行列、单元样式,并可在左侧的预览框中预览表格的样式(图2.46)。"修改表格样式"对话框如图2.47所示。

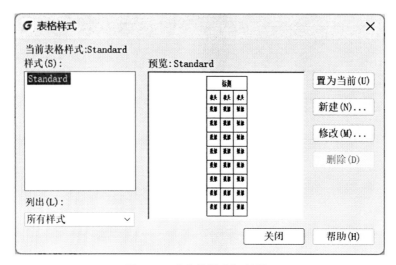

图2.46　"表格样式"对话框

图2.47　"修改表格样式"对话框

(二)编辑表格

　　创建表格后,单击单元格可弹出表格编辑工具栏(图2.48),可以对表格进行插入、合并、拆分等各项操作。

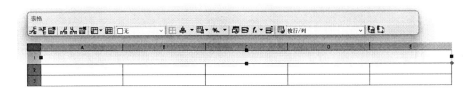

图2.48 表格编辑工具栏

双击单元格会弹出多行文字编辑器,可对表格填写的文字内容进行编辑(图2.49)。

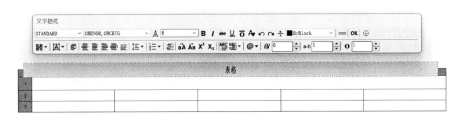

图2.49 表格文字编辑器

选中表格后,在表格的四周、标题行上将显示许多夹点,如图2.50所示,通过拖动这些夹点来编辑表格,将光标在某一夹点上悬停,可以看到该夹点的功能。

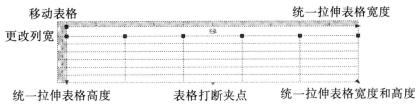

图2.50 夹点编辑表格

(三)设置表格样式

在"新建表格样式"对话框中,从"单元样式"下拉列表框中分别选择"数据""标题"和"表头"选项来设置表格的数据、标题和表头对应的样式(图2.51)。

"新建表格样式"对话框中3个单元样式的内容基本相似,可以分别指定单元基本特性、文字特性和边界特性。各项选项下提供了"常规""文字"和"边框"3个选项卡,用于设置创建的单元样式的外观。

"常规"选项卡(图2.52):该选项卡中的"特性"选项组用于设置表格单元的填充颜色与表格内容的对齐方式、格式和类型;"页边距"选项组用于设置单元边框和单元内容之间的水平和垂直距离。"水平"文本框用于设置单元中的文字或块与左右单元边界之间的距离;"垂直"文本框用于设置单元中的文字或块与上下单元边界之间的距离。

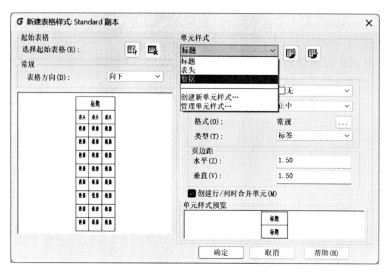

图 2.51　表格"单元样式"选择

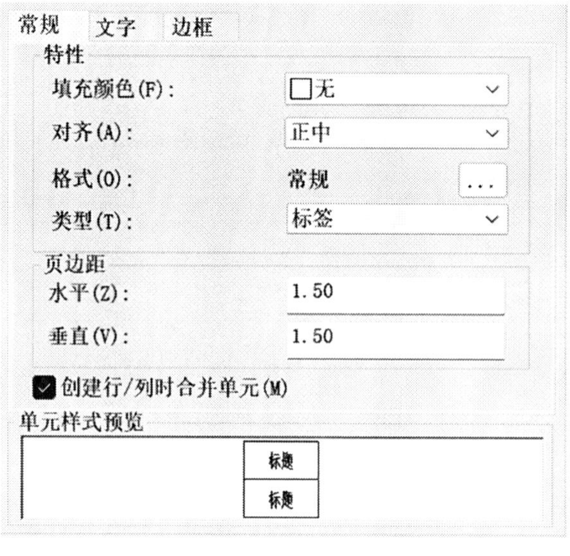

图 2.52　"常规"选项卡

　　"文字"选项卡(图 2.53)：该选项卡中，"文字样式"下拉列表框用于选择表格中文字的样式；"文字高度"文本框用于设置文字的高度；"文字颜色"用于指定文字的颜色，可以在下拉列表框中选择合适的颜色或者选择"选择颜色"选项后打开"选择颜色"对话框来设置颜色；"文字角度"文本框用于设置文字的角度，默认的文字角度为 0°，可以输入 −359°~359° 之间的任意角度。

图 2.53　"文字"选项卡

"边框"选项卡(图 2.54):除了设置线宽、线型和颜色以外,勾选"双线"复选框,表示将表格边界显示为双线,此时"间距"文本框中可输入双线边界的间距。

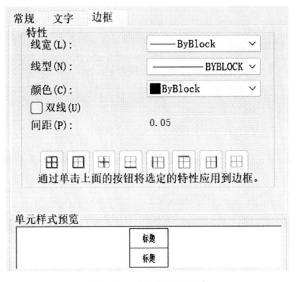

图 2.54　"边框"选项卡

(四)暖通工程中的表格

1. 标题栏与会签栏

在《房屋建筑制图统一标准》(GB/T 50001—2017)中对暖通空调图纸中的标题栏与会签栏作了以下规定:应根据工程的需要选择确定标题栏、会签栏的尺寸、格式及分区。签字栏应包括实名列和签名列,并应符合下列规定:

涉外工程的标题栏内,各项主要内容的中文下方应附有译文,设计单位的上方或左方,应加"中华人民共和国"字样;

在计算机辅助制图文件中使用电子签名与认证时,应符合《中华人民共和国电子签名法》的有关规定;

当由两个以上的设计单位合作设计同一个工程时,设计单位名称区可依次列出设计单位名称。

2. 明细栏、设备表和材料表

在《暖通空调制图标准》(GB/T 50114—2010)中对图纸中的明细栏和设备表格的绘制方法及尺寸作了详细的规定。

(1)明细栏

图纸中的设备或部件不使用文字标注时,可以进行编号。图样中只注明编号,其名称宜以"注:""附注:"或"说明:"表示。如还需表明其型号(规格)、性能等内容时,宜用"明细栏"表示,如图2.55所示。装配图的明细栏参照现行国家标准《技术制图 明细栏》(GB/T 10609.2—2009)执行。

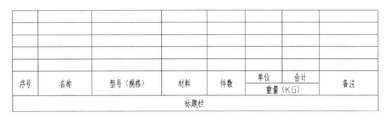

图2.55 明细栏

(2)设备表格和材料表

初步设计和施工图设计的设备表至少应包括序号(或编号)、设备名称、技术要求、数量和备注栏;材料表至少应包括序号(或编号)、材料名称、规格或物理性能、数量、单位和备注栏(可选)。如图2.56所示即为某工程的设备表(部分)。

(3)图纸目录与图例

同其他安装类的工程一样,暖通空调工程的图纸中需要通过图纸目录和图例来索引视图。

①图纸目录。图纸目录和书籍的目录功能相似,是暖通工程施工图的总索引。其主要功能是方便使用者迅速找到自己所需的图纸。在图纸目录中完整地列出了本套暖通空调工程图纸所有设计图纸的名称、图号和工程编号等,有时也包含图纸的图幅和备注。如图2.57所示为某空调工程的部分图纸目录。

主要设备表				
序号	名称	规格	数量	单位
1	电散热器	AT060-500	2	台
2	电散热器	AT060-750	1	台
3	电散热器	AT060-2000	3	台
4	浴霸	N=3.5KW	10	台
5	空调室外机	HSLR-30 制冷量 27.6KW, N=11.34KW 制热量31.4KW	1	台
6	壁挂式电锅炉	CML-15 N=15KW	1	台
7	风机盘管	FP-5LA	3	台

图 2.56 某工程的设备表

图纸目录		
序号	图号	图名
1	设施1	设计说明
2	设施2	一层空调平面图
3	设施3	二层空调平面图
4	设施4	阁楼层空调平面图
5	设施5	空调系统图

图 2.57 某空调工程的部分图纸目录

②图例符号说明。在暖通空调图中为了识图方便,用单独的图纸列出了施工图中所用到的图例符号。其中有些是国家标准中规定的图例符号,也有一些是制图人员自定义的图例符号。当图例符号数量较少时,可以归纳到设计与施工说明中或直接附在图纸旁边。如图 2.58 所示为部分暖通空调中工程图纸的图例。

序号	名　称	图　例	备注
1	风　口		
2	风　阀	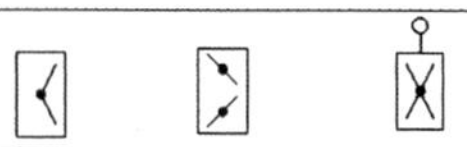	
3	水　阀		
4	轴流风机	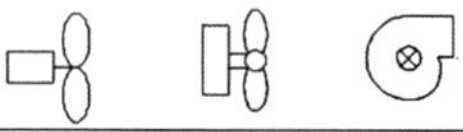	
5	水　泵	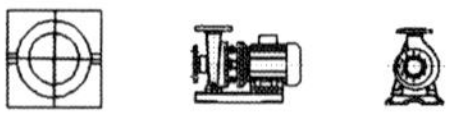	

图2.58　部分暖通空调中工程图纸的图例

三、填充

要重复绘制某些图案以填充图形中的一个区域来表达该区域中的特征,这种填充操作称为图案填充。图案填充的应用十分广泛,比如,在暖通空调制图中,可以用填充图案表示被切割部分,也可以使用不同的图案填充来表达不同的零部件或材料。

(一)图案填充

启动图案填充命令可以通过以下三种方式:

菜单位置:[绘图]→[图案填充]

工　具　条:[绘图]→[图案填充]

命　令　行:BHATCH/HATCH

BHATCH 命令以对话框设置填充方式,包括填充图样的样式、比例、角度、填充边界等。利用"边界标签页"对话框可完成填充边界、填充区域的设置。该页也可以从菜单"绘图>填充边界"调出。图2.59 为"图案填充"对话框,图2.60 为不同的填充效果。

(二)设置孤岛

进行图案填充时,通常将位于一个已定义好的填充区域内的封闭区域称为孤岛。单击"图案填充和渐变色"对话框右下角按钮,将显示更多选项,可以对孤岛和边界进行设置。

在"孤岛"选项组中,勾选"孤岛检测"复选框,可以指定在最外层边界内填充对象的方法,包括"普通""外部"和"忽略"3 种填充方式,如图2.61 所示为设置这3 种孤岛显示样式后填充效果对比。

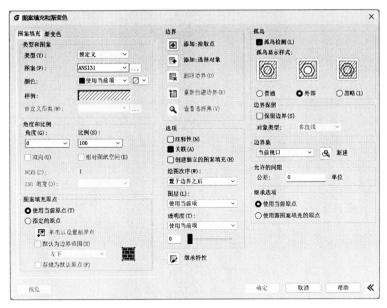

图 2.59 "图案填充"对话框

 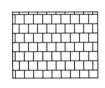 

图 2.60 不同的填充效果

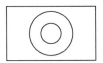 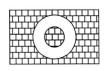 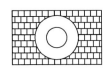 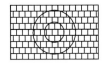

图 2.61 三种孤岛显示样式填充效果对比

(三) 渐变色填充

渐变色填充是一种实体图案填充,能够在填充区域产生颜色过渡的效果,使生成的图形更加逼真、美观,图 2.62 为"渐变色"对话框。

启动渐变色填充命令可以通过以下三种方式:

菜单位置:[绘图]→[渐变色]

工 具 条:[绘图]→[渐变色填充]

命 令 行:GRADIENT

在该选项卡中,可以选择预定义的 9 种渐变填充效果之一(例如线性过渡、球状过渡

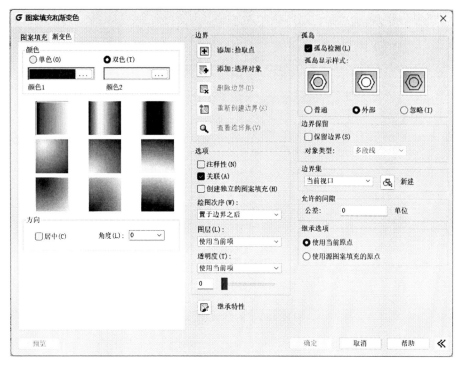

图 2.62 "渐变色"对话框

或抛物线过渡等),并能指定颜色过渡的方向。另外,也可以选择在两种颜色之间过渡或是单一颜色的深浅过渡。渐变填充区域的选取方式、与边界的关联属性及孤岛检测等都和图案填充相同。双击一个渐变填充实体,就可以对其进行修改。

任务实施

一、块的应用

新建图形文件,用直线、矩形、多边形、圆、圆弧等命令绘制图 2.63~图 2.70 所示的简单图形,并将每个图形定义为块,块的名称以图片下方名称命名。

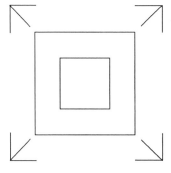

图 2.63 方形散流器

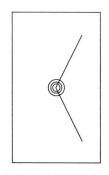

图 2.64 风量调节止回阀

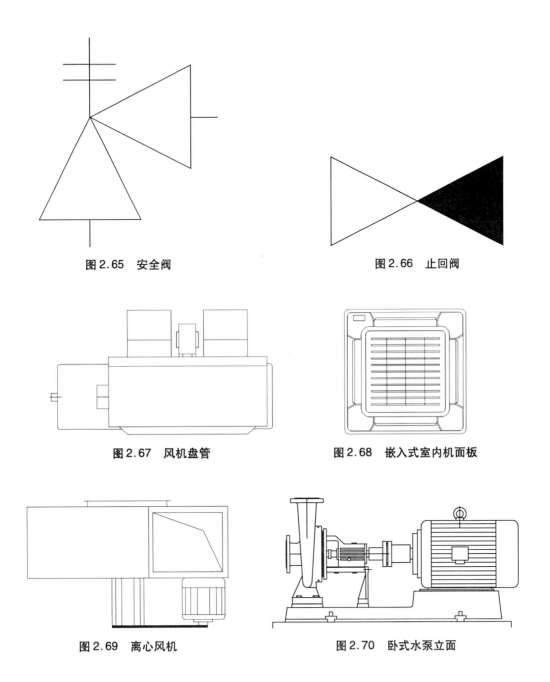

图2.65 安全阀

图2.66 止回阀

图2.67 风机盘管

图2.68 嵌入式室内机面板

图2.69 离心风机

图2.70 卧式水泵立面

二、绘制表格

绘制如图2.71所示"暖通设计图纸目录"表格,要求表格方向向上,对齐方式均为居中,文字高度为5,字体为"仿宋",字体宽度比例为0.7,列宽50。

5	设施—5	空调系统图
4	设施—4	阁楼层空调平面图
3	设施—3	二层空调平面图
2	设施—2	一层空调平面图
1	设施—1	设计说明
序号	图号	图名

图2.71 "暖通设计图纸目录"表格

三、任务评价

姓名			学号			组别		
班级			日期			组长签字		
类别	项目	考核内容	自评	小组评	教师评	总分		评分标准
理论	基础知识 （100分）	绘图图形命令的正确使用(25分)						
		创建块的基本方法(25分)						
		表格设置的基本要求和方法(25分)						
		绘图工具的正确使用(25分)						
技能	技能目标 （60分）	创建块(15分)						
		命名块(15分)						
		表格格式的设置(15分)						
		角度、长度等尺寸绘制准确(15分)						
	任务完成质量（30分）	掌握熟练程度(10分)						
		准确及规范度(10分)						
		工作效率或完成任务速度(10分)						
	职业素养 （10分）	遵守操作规范,养成良好的制图习惯;尊重他人劳动,不窃取他人成果;遵守课堂秩序;严格执行上机操作秩序规定(10分)						

项目小结

1. 可以使用"绘图"菜单、"绘图"工具栏、功能区和"绘图"命令 4 种方式来绘制基本的图形对象。

2. 在绘图区域中单击鼠标左键,将光标沿右下方拖动,再次单击形成选择框,选择框呈实线显示,选择框内颜色为蓝色,被选择框完全包容的对象将被选择。

3. 光标由右下方往左上方移动形成选择框,选择框呈虚线,选择框内颜色为绿色。选定对象后,位于窗口之内或与窗口边界相交的对象都将被选中。

4. 在《房屋建筑制图统一标准》(GB/T 50001—2017)中对暖通空调图纸中的标题栏与会签栏作了以下规定:应根据工程的需要选择确定标题栏、会签栏的尺寸、格式及分区。

5. 在暖通空调制图中,可以用填充图案表示被切割部分,也可以使用不同的图案填充来表示不同的零部件或材料。

6. 进行图案填充时,通常将位于一个已定义好的填充区域内的封闭区域称为孤岛。

7. 渐变填充是一种实体图案填充,能够在填充区域产生颜色过渡的效果,使生成的图形更加逼真、美观。

8. 点主要用于辅助点、偏移对象的节点、参考点或标记点。

9. 直线是各种绘图中最常用、最简单的一类图形对象,只要指定了起点和终点即可绘制一条直线。

10. 可以采用多种方式来绘制圆,默认的方法是指定圆心和半径。

项目测评

一、单项选择

1. 在命令的执行过程中,可以随时按(　　)键终止执行任何命令。

A. Esc   B. Ctrl

C. Shift   D. Enter

2. 多线是一种由多条平行线组合成的组合对象,最多可以包括 16 条平行线,每一条平行线称为一个(　　)。

A. 元素   B. 基线

C. 界限   D. 平行线

3. 样条曲线是通过给定点的(　　)。

A. 光滑曲线   B. 封闭曲线

C. 多重曲线   D. 多段曲线

4. 如果要绘制一个圆与两条直线相切,应使用(　　)。

A. 圆心和半径定圆   B. 三点定圆

C. 两点定圆   D. 半径和双切定圆

5. 在绘制多段线时,当命令行提示输入 A 时,表示切换到(　　)绘制方式。

A. 圆弧   B. 角度

C. 直线   D. 直径

6. (　　)选项不属于填充图案类型。

A. 用户定义   B. 自定义

C. 预定义   D. 图形定义

7. (　　)命令可以修改填充图案。

A. EDITTEXT   B. HATCHEDIT

C. BHATCH   D. GRADINET

8. 在下面图形中,(　　)图形不能直接填充。

A. 正多边形   B. 圆

C. 多段线   D. 矩形

9. 在 CAD 中,可以通过拖动表格的(　　)来编辑表格。

A. 行   B. 边框

C. 列   D. 夹点

10. 在命令行输入下列(　　)命令,执行写块命令。

A. BASE   B. WBLOCK

C. EATTEDIT   D. FILLET

11. 执行下列(　　)命令,可以打开块属性管理器。

A. WBLOCK   B. BASE

C. EATTEDIT   D. BATTMAN

12. 下列对象可以转化为多段线的是(　　)。

A. 直线和圆弧   B. 椭圆

C. 文字   D. 圆

13. 多段线命令绘制圆弧的选项中,(　　)选项从画弧切换到画直线。

A. A 角度   B. L 直线

C. CL 闭合   D. D 方向

14. 刚刚绘制了一个半径为 12 的圆,现在要立即再绘制半径为 12 的圆,最快捷的方法是(　　)。

A. 直接回车调出画圆命令,系统要求给定半径时输入 12

B. 调出画圆命令,系统要求给定半径是输入 12

C. 直接回车调出画圆命令,系统要求给定半径时直接回车

D. 调出画圆命令,系统要求给定半径时直接回车

15. 绘制正多边形,下列方式错误的是(　　)。

A. 内接正多边形   B. 外切正多边形

C. 确定边长方式   D. 确定圆心、正多边形点的方式

16. 要画出一条具有宽度且各线段均属同一对象的线,要使用(　　　)命令。

A. LINE
B. MLINE
C. XLINE
D. PLINE

17. 系统默认的画圆弧正方向是(　　　)。

A. 顺时针
B. 逆时针
C. 自定义
D. 随机

二、综合练习

1. 绘制制冷原理图(图2.72),要求:绘制在 0 图层;线宽设置为默认线宽;颜色为随图层颜色;将蒸发器、毛细管、过滤器、冷凝器、压缩机标注到合适的矩形内。

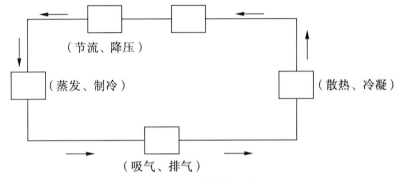

图 2.72　制冷原理图

2. 绘制以下冷库控制原理图(图2.73),完成后将图纸命名为"直冷式冷库控制原理图.dwg",要求:绘制在 0 图层;线宽设置为默认;颜色设置为随图层颜色。

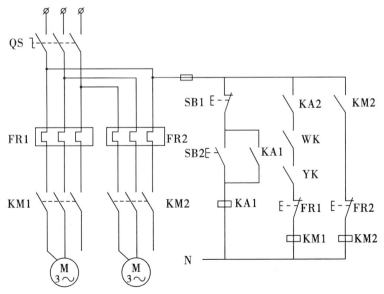

图 2.73　直冷式冷库控制原理图

项目三　图形编辑

在浩辰 CAD 暖通中,单纯地使用绘图命令或绘图工具只能创建出一些基本图形对象,要绘制复杂的图形,就必须借助"修改"菜单中的图形编辑命令。软件中提供了众多图形编辑命令,如复制、移动、旋转、镜像、偏移、阵列、拉伸和修剪等。利用这些命令,可以修改已有图形或通过已有图形构造新的复杂的暖通空调工程图形,合理地构造和组织图形,保证暖通空调等建筑制图的准确性,简化绘图操作,极大地提高了绘图效率。

学习目标

知识目标

认识不同状态下夹点的显示方式;
知道空格键、回车键的使用技巧;
知道"倒角""圆角"的区别。

技能目标

能够正确选用不同的修改命令对已有图形进行修改;
使用夹点功能,正确进行移动、旋转、缩放、拉伸等编辑操作;
能够利用空格键、回车键或快捷菜单(右击弹出快捷菜单)来循环切换这些模式;
会使用多个夹点编辑命令,加快修改效率;
会使用多重复制(M)选项,利用此选项一次复制多个旋转不同角度的对象,并完成各种环形阵列;
矩形阵列、路径阵列、环形阵列、经典阵列的应用技巧。

情感目标

培养学生在图形编辑过程中的耐心和专注,让学生感受通过图形编辑实现优化效果所带来的满足感和愉悦。

任务一　夹点编辑及删除、移动、旋转和对齐对象

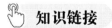 知识链接

一、夹点

项目二介绍了选择对象的方法,当对象处于选择状态时,会出现若干个带颜色的小方框,这些小方框代表的点是所选实体的特征点,这些小方框被称为夹点。使用夹点功能可以方便地进行移动、旋转、缩放、拉伸等编辑操作,这些都是编辑对象非常方便快捷的方法。

(一)夹点显示

默认夹点始终是打开的,可以通过"选项"对话框中的"选择"选项卡设置夹点的显示和大小。对于不同的对象,用来控制其特征的夹点的位置和数量是不同的,如图3.1所示为不同对象的夹点显示。

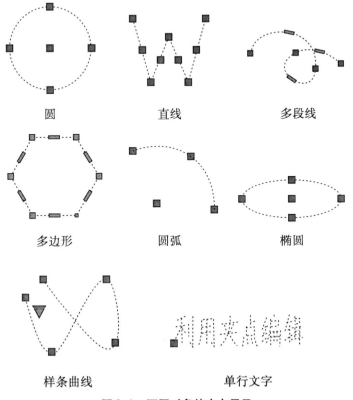

图 3.1　不同对象的夹点显示

89

(二)使用夹点编辑图形

要使用夹点编辑图形,需选择一个夹点作为基点,方法是将十字光标的中心对准夹点并单击,此时夹点即成为基点,并且显示为红色小方格。利用夹点进行编辑的模式有拉伸、移动、旋转、比例和镜像,可以利用空格键、回车键或快捷菜单(右击弹出快捷菜单)来循环切换这些模式,见图3.2。

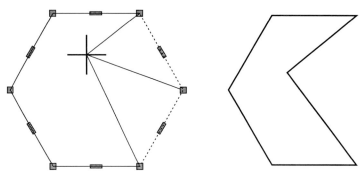

图3.2　夹点编辑图形

(三)多夹点编辑

浩辰 CAD 暖通提供了多夹点编辑的方式,可以同时操控多个实体的多个夹点作为基点来使选定夹点之间的对象形状保持不变(图3.3)。

在选择了多个实体后,当要选择所需的夹点时先按下 Shift 键即可同时选中多个夹点,从而对多个夹点同时进行编辑。

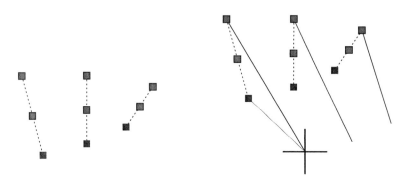

图3.3　对多个夹点同时进行编辑

同时选中3个夹点,只对其中1个夹点进行操作,其他夹点跟随它一起被控制。在选定夹点后回车,可以切换对夹点的操作方式,按照提示可以对夹点进行相应的拉伸、移动、镜像、旋转、缩放等操作。

二、删除

启动删除命令可以通过以下三种方式：

菜单位置：[修改]→[删除]

工　具　条：[修改]→[删除]

命　令　行：Delete/Erase（E）

"删除"命令用于删除作图过程中的图线和多余的图线,既可以先选择对象,再执行"删除",也可以先执行命令,根据提示选择要删除的对象(图3.4)。

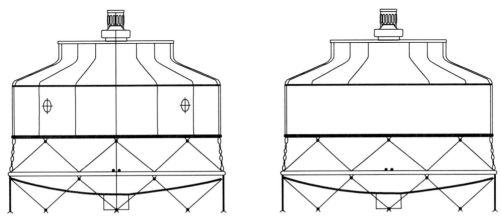

图3.4　删除对象

三、移动

启动移动命令可以通过以下三种方式：

菜单位置：[修改]→[移动]

工　具　条：[修改]→[移动]

命　令　行：Move(M)

"移动"只是变更对象的原始位置,并不复制对象。默认的使用方法是执行"移动"命令后,选择移动的对象后回车,按照命令行提示拾取指定基准点和指定移动点,最后回车完成移动。

四、旋转

启动旋转命令可以通过以下三种方式：

菜单位置：[修改]→[旋转]

工　具　条：[修改]→[旋转]

命　令　行：Rotate(RO)

"旋转"命令用于将所选对象绕指定基点旋转指定角度。默认的使用方法是执行"旋转"命令后,选择对象,按回车键,然后按照命令行提示指定旋转中心点和输入旋转角度,最后按回车键完成旋转,如图3.5所示。

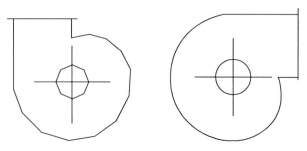

图3.5 旋转对象

浩辰 CAD 暖通的旋转命令增加了多重复制(M)选项(图3.6),利用此选项不仅一次可以复制多个旋转不同角度的对象,还可以完成各种环形阵列。当旋转时选择多重复制后,可以直接输入多个角度,软件会按输入的角度旋转并复制一个对象。

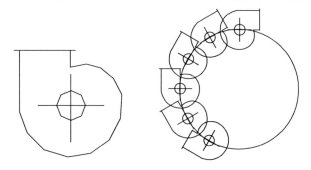

图3.6 旋转命令中的多重复制

如果相邻图形间的夹角是固定的,根据给定的是总体角度还是相邻对象之间的夹角,我们可以选择"项目间角度(B)"或"填充角度(F)"选项,然后根据提示输入角度和数量,此功能可以完全替代环形阵列,如图3.7所示。

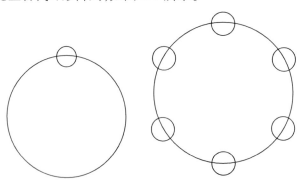

图3.7 输入角度和数量代替环形阵列命令

五、对齐

启动对齐命令可以通过以下方式：

菜单位置：[修改]→[对齐]

命令：AlignTool

对象对齐工具的特点是操作简单、功能实用，可以快速对齐 CAD 中的各种实体。该工具在水平和垂直方向上分别提供三种不同的对齐方式，可快速实现 9 种基本的对齐方案，见图 3.8。

图 3.8 "对象对齐工具"对话框

对齐方式：在 X 轴方向上可以实现左、中、右三种对齐方式；在 Y 轴方向上可以实现上、中、下三种对齐方式，通过 X 轴和 Y 轴的排列组合，可以实现 9 种基本的对齐方案。

比如，选择多个对象并勾选 X 轴方向的"左对齐"，可实现如图 3.9 所示的效果。

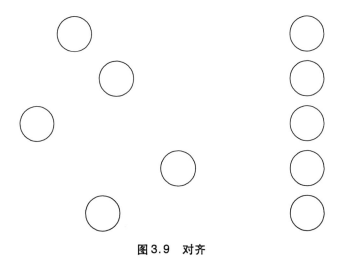

图 3.9 对齐

Align"对齐"命令可以使当前对象与其他对象对齐，如图 3.10 所示。

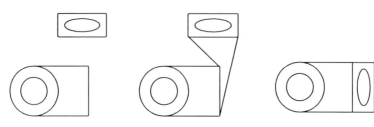

图 3.10　当前对象与其他对象对齐

任务实施

使用移动、旋转等命令完成图 3.11 ~ 图 3.14 所示图形的绘制

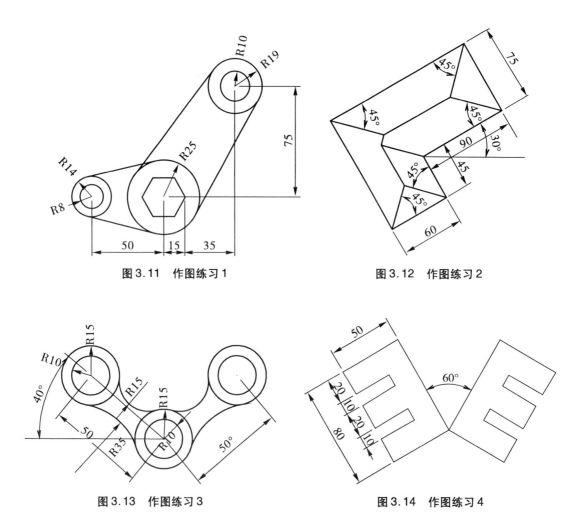

图 3.11　作图练习 1

图 3.12　作图练习 2

图 3.13　作图练习 3

图 3.14　作图练习 4

二、任务评价

姓名				学号			组别	
班级				日期			组长签字	
类别	项目	考核内容	自评	小组评	教师评	总分	评分标准	
理论	基础知识（100分）	删除指令的正确调用方法（25分）						
		移动指令的正确调用方法（25分）						
		旋转指令的正确调用方法（25分）						
		对齐指令的正确调用方法（25分）						
技能	技能目标（60分）	旋转指令的正确应用（15分）						
		删除指令的正确应用（15分）						
		移动指令的正确应用（15分）						
		对齐指令的正确应用（15分）						
	任务完成质量（30分）	掌握熟练程度（10分）						
		准确及规范度（10分）						
		工作效率或完成任务速度（10分）						
	职业素养（10分）	遵守操作规范，养成良好的制图习惯；尊重他人劳动，不窃取他人成果；遵守课堂秩序；严格执行上机操作秩序规定（10分）						

任务二　复制、镜像、偏移和阵列对象

 知识链接

一、复制

启动复制命令可以通过以下三种方式：

菜单位置:［修改］→［复制］

工具条:［修改］→［复制］

命令行:Copy(CO/CP)

"复制"命令可以将多个对象复制到指定位置,也可对一个或多个对象进行多次复制,见图 3.15。既可以先选择对象,再执行"复制",也可以先执行命令,根据提示选择要复制的对象。

如果要在不同图形文件之间进行复制,应采用 Copyclip(Ctrl+C)命令,将对象复制到 Windows 的剪贴板上,然后在另一个图形文件中用 Pasteclip(Ctrl+V)命令将剪贴板上的内容粘贴到图形中。

图 3.15　复制

浩辰 CAD 暖通的复制增加了等距(E)、等分(I)和沿线(P)几个选项。

等距(E):当我们需要按相同距离、相同方向复制多个对象时,可以选用等距选项,如图 3.16 所示。

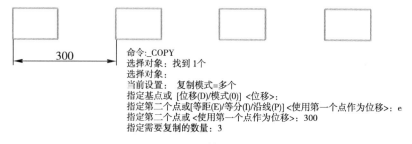

```
命令:_COPY
选择对象：找到1个
选择对象：
当前设置：复制模式=多个
指定基点或 [位移(D)/模式(O)] <位移>:
指定第二个点或[等距(E)/等分(I)/沿线(P)]<使用第一个点作为位移>：e
指定第二个点或 <使用第一个点作为位移>：300
指定需要复制的数量：3
```

图 3.16　等距复制

等分(I):当需要在指定距离内等距复制多个图形时,可以使用等分选项,如图 3.17 所示。

指定基点或 [位移(D)/模式(0)] <位移>:
指定第二个点或[等距(E)/等分(I)/沿线(P)] <使用第一个点作为位移>: i
指定最后一个点或 <使用第一个点作为位移>: 1000
指定需要复制的数量: 3

图 3.17　等分复制

沿线(P)：当我们要沿着一条曲线或折线复制多个对象时,可以选择沿线(P)选项,如图 3.18 所示。

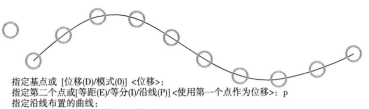

指定基点或 [位移(D)/模式(0)] <位移>:
指定第二个点或[等距(E)/等分(I)/沿线(P)] <使用第一个点作为位移>: p
指定沿线布置的曲线:
指定复制方式 [等距(E)/等分(I)]<等分>: i
指定需要复制的数量: 10

图 3.18　沿线复制

选择沿线布置的路径线后,又可以选择等分和等距复制,这与点(Point)对象的定距等分和定数等分类似,但用起来更方便。

二、镜像

启动镜像命令可以通过以下三种方式:
菜单位置:[修改]→[镜像]
工 具 条:[修改]→[镜像]
命 令 行:Mirror(MI)
"镜像"命令用于将指定的对象按指定的参考线作镜像处理,可以通过确定两点或选择一条直线作为镜像的参考线,再选择对象进行镜像,见图 3.19。

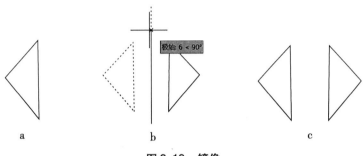

a　　　　　　　　b　　　　　　　　c

图 3.19　镜像

三、偏移

启动偏移命令可以通过以下三种方式:

菜单位置:[修改]→[偏移]

工 具 条:[修改]→[偏移]

命 令 行:Offset(O)

"偏移"命令是将直线、圆、多段线等作同心复制,对于直线而言,其圆心在无穷远,相当于平行移动一段距离后进行复制。浩辰 CAD 暖通中偏移命令可操作的对象有直线、圆、圆弧、多段线、椭圆、射线和构造线等。默认的使用方法是执行"偏移"命令后,系统提示输入偏移距离,然后选择偏移对象,最后指定偏移方向完成复制,见图 3.20。

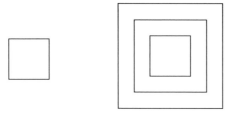

图 3.20　偏移

四、阵列

启动阵列命令可以通过以下三种方式:

菜单位置:[修改]→[阵列]

工 具 条:[修改]→[阵列]

命 令 行:Array(AR)

阵列(图 3.21)包括环形阵列、路径阵列、经典阵列、矩形阵列四种。

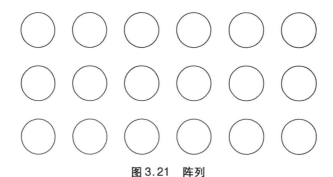

图 3.21　阵列

(一)环形阵列(极轴阵列)

见图 3.22。

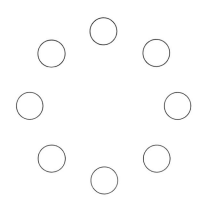

图 3.22　环形阵列

(二)路径阵列

见图 3.23。

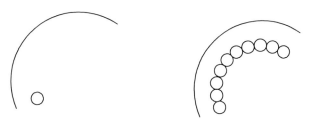

图 3.23　路径阵列

(三)经典阵列

可弹出阵列对话框,如图 3.24、图 3.25 所示,可对各项数据编辑后进行阵列命令。

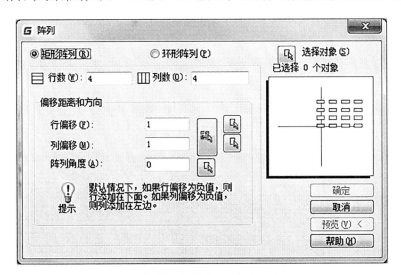

图 3.24　"矩形阵列"对话框

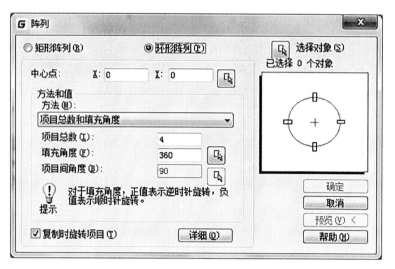

图 3.25 "环形阵列"对话框

任务实施

一、使用复制、镜像、偏移等命令完成图 3.26 ~ 图 3.29 所示图形的绘制

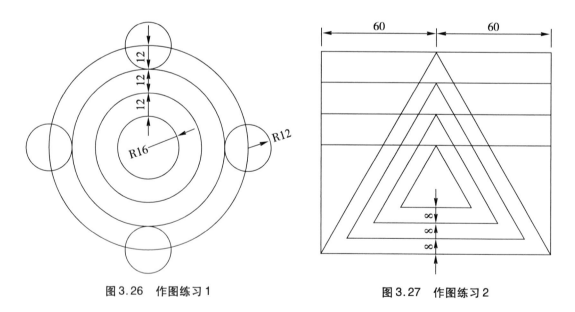

图 3.26 作图练习 1

图 3.27 作图练习 2

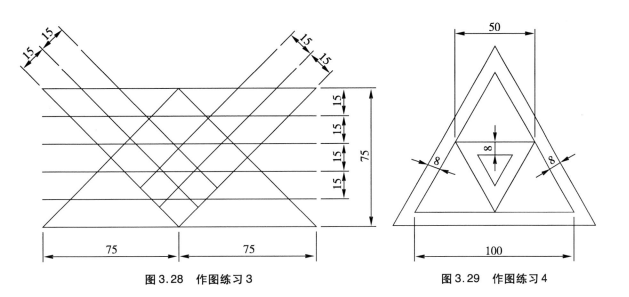

图 3.28　作图练习 3

图 3.29　作图练习 4

二、使用阵列命令完成图 3.30 所示图形的绘制

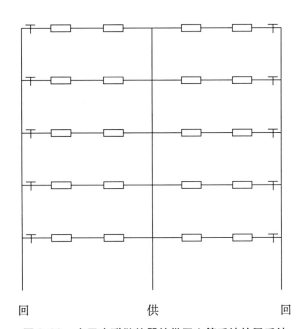

回　　　　　　　　供　　　　　　　　回

图 3.30　水平串联散热器的供回立管系统的子系统

101

三、任务评价

姓名			学号			组别	
班级			日期			组长签字	
类别	项目	考核内容	自评	小组评	教师评	总分	评分标准
理论	基础知识(100分)	复制指令的正确调用方法(25分)					
		镜像指令的正确调用方法(25分)					
		偏移指令的正确调用方法(25分)					
		阵列指令的正确调用方法(25分)					
技能	技能目标(60分)	复制指令的正确应用(15分)					
		镜像指令的正确应用(15分)					
		偏移指令的正确应用(15分)					
		阵列指令的正确应用(15分)					
	任务完成质量(30分)	掌握熟练程度(10分)					
		准确及规范度(10分)					
		工作效率或完成任务速度(10分)					
	职业素养(10分)	遵守操作规范,养成良好的制图习惯;尊重他人劳动,不窃取他人成果;遵守课堂秩序;严格执行上机操作秩序规定(10分)					

任务三　修改对象的形状与大小

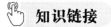 **知识链接**

一、修剪

启动修剪命令可以通过以下三种方式:

菜单位置:[修改]→[修剪]

工　具　条:[修改]→[修剪]

命　令　行:Trim(TR)

"修剪"命令利用边界修剪指定的对象。修剪的对象包括直线、圆、圆弧、样条曲线等。默认的使用方法是执行"修剪"命令以后,按照命令行提示选取一个或一个以上的切割边界,回车,然后选取要修剪的部分,最后回车键完成修剪,见图3.31。

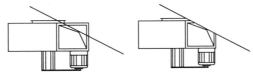

图3.31　修剪

二、延伸

启动延伸命令可以通过以下三种方式:

菜单位置:[修改]→[延伸]

工　具　条:[修改]→[延伸]

命　令　行:Extend(EX)

"延伸"命令用于将指定的对象延伸到指定的边界上。通常能延伸的对象有圆弧、直线和非封闭的多段线。默认的延伸使用方法是执行"延伸"命令后,按照命令行提示选取延伸边界,回车,然后选取要延伸的对象,最后按回车键完成延伸,见图3.32。

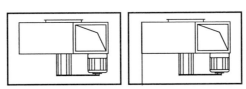

图3.32　延伸

三、缩放

(一)比例因子缩放

启动缩放命令可以通过以下三种方式:

菜单位置:［修改］→［缩放］

工 具 条:［修改］→［缩放］

命 令 行:SCALE(SC)

"缩放"命令是改变既有对象的比例,将对象按指定的比例因子相对于指定的基点缩小(图3.33)或放大(图3.34)。默认的使用方法是执行"缩放"命令后,选取对象,按回车键,然后按照命令行提示选择基点、输入比例因子或者利用光标选取相对缩放比例,最后按回车键完成对象比例缩放。

大于1的比例系数会放大对象,介于0与1之间的比例系数会缩小对象。

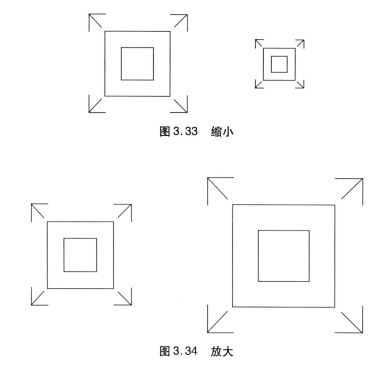

图3.33 缩小

图3.34 放大

(二)自由缩放

菜单位置:［修改］→［缩放］

工 具 条:［修改］→［比例］

命 令 行:FREESCALE

功能简介:可对图形进行不等比或变形缩放,有三种方式:不等比缩放、矩形缩放和自由缩放。

1.不等比缩放

可分别输入 X、Y 轴的缩放比例进行缩放,如图 3.35 所示。

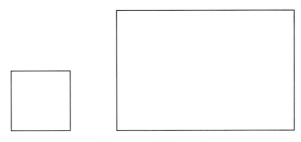

图 3.35 不等比缩放

执行自由缩放命令并选择对象后,默认的缩放方式为不等比缩放,可直接根据提示选择缩放的基点,然后分别设置 X 轴和 Y 轴的缩放比例。与缩放 SCALE 命令类似的是,在不等比缩放的时候,提供了复制(C)/参照(R)选项,可以缩放的同时复制对象,根据参照尺寸来计算缩放比例。

2.矩形缩放

可以将图形缩放到一个设置的矩形范围内。矩形无须绘制,只需指定两个对角点即可(图 3.36)。

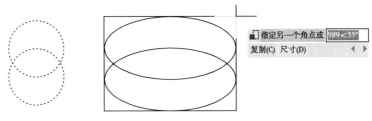

图 3.36 矩形缩放

执行自由缩放命令并选择对象后,输入 R 回车可进行矩形缩放,会首先让我们指定矩形的一个角点,此时提供了三个选项:指定另一个角点或"[复制(C)/尺寸(D)]:",默认选项是指定另一个角点,此时可以直接指定矩形的另一个角点,也可以输入 D 回车后输入矩形的尺寸并确定位置。矩形缩放时同样也可以输入 C 回车,将选定图形复制一份后进行缩放。

3.自由缩放

可以将封闭四边形框内的图形移动或复制并缩放到另一个封闭四边形框中,用于生成倾斜或透视变形的图案,见图 3.37。

在自由缩放前需要先绘制好两个封闭的四边形:源参考框和目标参考框。软件将通过计算和匹配两个四边形的形状来对图形进行缩放。

执行缩放命令并选择对象后,输入 F 回车可进入自由缩放分支,选中事先绘制好的两个参考框就可以完成操作。如果需要复制一份,可在选择源参考框后输入 C 回车,然后再选择目标参考框。

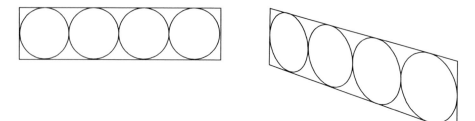

图 3.37　自由缩放

四、拉伸

启动拉伸命令可以通过以下三种方式:

菜单位置:〔修改〕→〔拉伸〕

工 具 条:〔修改〕→〔拉伸〕

命 令 行:Stretch(S)

"拉伸"命令可将图形拉伸或压缩一定的值。该命令用交叉方式选择对象,与窗口相交的对象可拉伸或压缩。而当对象整体被框选时,窗口内的对象将被移动。默认的使用方法是执行"拉伸"命令后,按照命令行提示利用相交窗口选择拉伸对象,然后选择位移基点和位移第二点,两点之间的距离决定拉伸距离,最后回车完成拉伸,见图 3.38 ~ 图3.40。

"拉伸"命令可以拉伸与选择窗口相交的圆弧、椭圆弧、直线、多段线、射线和样条曲线。"拉伸"命令只移动交叉窗口内的端点,而不改变窗口外的端点。点、圆、文本和图块不能被拉伸。

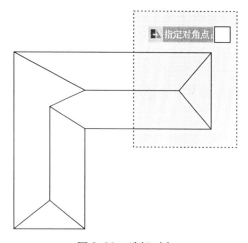

图 3.38　选择对象

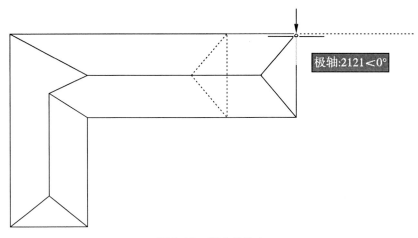

图 3.39　指定拉伸点

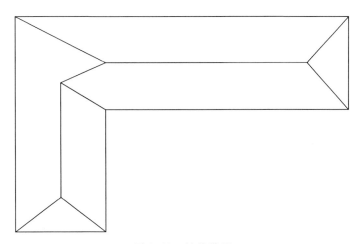

图 3.40　拉伸效果

五、拉长

启动拉长命令可以通过以下两种方式：

菜单位置:[修改]→[拉长]

命 令 行:Lengthen(LEN)

"编辑长度"命令用于改变直线、圆弧的长度。可以选取下列任一方法编辑对象长度:

动态(DY):动态地拖动改变直线或圆弧的长度。

增量(DE):通过键入增量来延长或缩短对象。

百分比(P):以总长的百分比的方式来改变直线或圆弧的长度。

全部(T):通过键入直线或圆弧的新长度来改变对象的长度。

一、使用修剪等命令绘制图 3.41 ~ 图 3.44

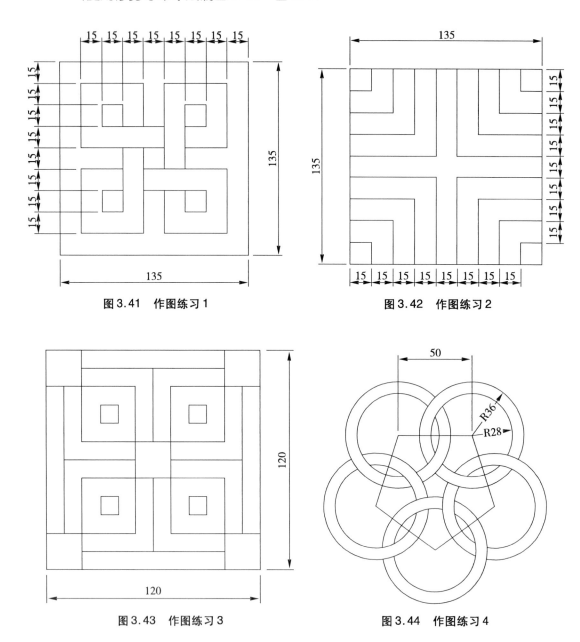

图 3.41　作图练习 1

图 3.42　作图练习 2

图 3.43　作图练习 3

图 3.44　作图练习 4

二、使用多段线、修剪等命令绘制图 3.45 室内地板采暖盘管布置图

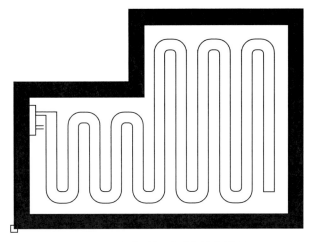

图 3.45　室内地板采暖盘管布置图

三、使用偏移、阵列、修剪等命令绘制图 3.46 套圈

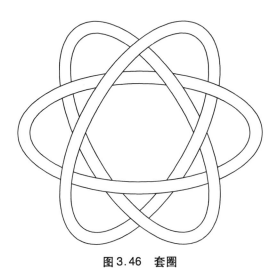

图 3.46　套圈

四、任务评价

姓名			学号			组别		
班级			日期			组长签字		
类别	项目	考核内容	自评	小组评	教师评	总分	评分标准	
理论	基础知识(100分)	修剪指令的正确调用方法(25分)						
		延伸指令的正确调用方法(25分)						
		缩放指令的正确调用方法(25分)						
		拉伸、拉长指令的正确调用方法(25分)						
技能	技能目标(60分)	修剪指令的正确应用(15分)						
		延伸指令的正确应用(15分)						
		缩放指令的正确应用(15分)						
		拉伸、拉长指令的正确应用(15分)						
	任务完成质量(30分)	掌握熟练程度(10分)						
		准确及规范性(10分)						
		工作效率或完成任务速度(10分)						
	职业素养(10分)	遵守操作规范,养成良好的制图习惯;尊重他人劳动,不窃取他人成果;遵守课堂秩序;严格执行上机操作秩序规定(10分)						

110

▶▶▶

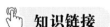 知识链接

一、倒角

启动倒角命令可以通过以下三种方式：

菜单位置：[修改]→[倒角]

工 具 条：[修改]→[倒角]

命 令 行：Chamfer(CHA)

"倒角"命令用一条斜线连接两个非平行的对象，可用于倒角的对象有直线、多段线、构造线和射线等。默认的使用方法是执行"倒角"命令后，按照命令行提示输入"D"来设置倒角的两个距离，然后选择第一个对象和第二个对象，完成倒角命令，见图3.47。

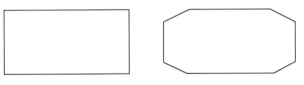

图3.47　倒角

二、圆角

启动圆角命令可以通过以下三种方式：

菜单位置：[修改]→[圆角]

工 具 条：[修改]→[圆角]

命 令 行：Fillet(F)

"圆角"命令用一段指定半径的圆弧光滑地连接两个对象。它可以处理的对象有直线、多段线、样条曲线、构造线、射线等，但圆角、椭圆不能倒圆角。默认的使用方法是执行"圆角"命令后，按照命令行提示输入"R"来设置圆角的半径，然后选择第一个对象和第二个对象，完成圆角命令，见图3.48。

图3.48　圆角

浩辰 CAD 暖通在圆角(Fillet)命令中增加了反向(I)参数,可以创建在建筑、家具等行业中经常使用的反向圆角,见图3.49。

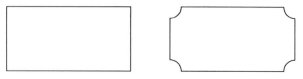

图 3.49　反向倒圆角

三、打断

启动打断命令可以通过以下三种方式:

菜单位置:［修改］→［打断］

工　具　条:［修改］→［打断］

命　令　行:Break(BR)

"打断"命令用于将对象从某一点断开或删除对象的某一部分。该命令可对直线、圆弧、圆、多段线、椭圆、射线和样条曲线进行断开和删除某一部分。默认的使用方法是执行"打断"命令后,按照命令行提示选择对象,选择对象点即为第一打断点,也可以使用"第一"选项重新选择第一打断点,然后选择第二打断点,完成打断命令,见图 3.50、图 3.51。

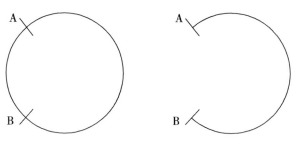

图 3.50　顺序单击 A 和 B

图 3.51　顺序单击 B 和 A

四、合并

启动合并命令可以通过以下三种方式:

菜单位置:[修改]→[合并]

工 具 条:[修改]→[合并]

命 令 行:JOIN(J)

将两对象(两个或两个以上的线,两个或两个以上的弧)连接为一个对象。无法将线与弧相互连接,只能连接两共线的直线或处于同一个圆上的弧线,见图3.52。

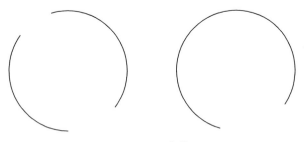

图 3.52　合并

五、分解

启动分解命令可以通过以下三种方式:

菜单位置:[修改]→[分解]

工 具 条:[修改]→[分解]

命 令 行:Explode(X)

"分解"命令用于将复合对象分解为若干个基本的组成对象。它能分解的对象包括图块、实体、标注尺寸、剖面线、多段线和面域等。默认的使用方法是执行"分解"命令后,选择对象,完成分解命令,见图3.53。

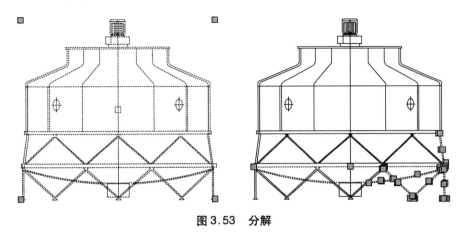

图 3.53　分解

任务实施

一、使用镜像、倒角、圆角、偏移等命令绘制图 **3.54** 的简易坐便器

二、使用偏移、镜像、倒角、修剪等命令绘制图 **3.55** 的洗脸池

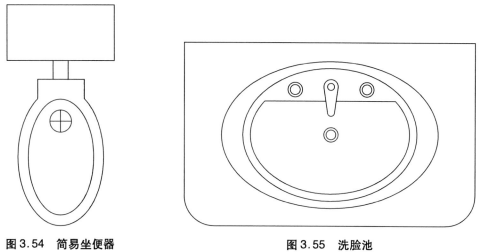

图 3.54　简易坐便器

图 3.55　洗脸池

三、使用夹点拉伸、偏移、圆角等命令绘制图 **3.56** 的排风管

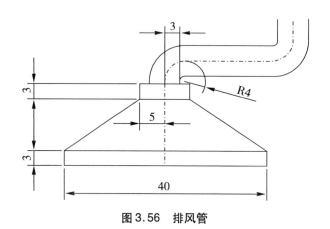

图 3.56　排风管

四、任务评价

姓名			学号			组别		
班级			日期			组长签字		
类别	项目	考核内容	自评	小组评	教师评	总分	评分标准	
理论	基础知识（100分）	倒角、圆角指令的正确调用方法（25分）						
		打断指令的正确调用方法（25分）						
		合并指令的正确调用方法（25分）						
		分解指令的正确调用方法（25分）						
技能	技能目标（60分）	倒角、圆角指令的正确应用（15分）						
		打断指令的正确应用（15分）						
		合并指令的正确应用（15分）						
		分解指令的正确应用（15分）						
	任务完成质量（30分）	掌握熟练程度（10分）						
		准确及规范度（10分）						
		工作效率或完成任务速度（10分）						
	职业素养（10分）	遵守操作规范,养成良好的制图习惯;尊重他人劳动,不窃取他人成果;遵守课堂秩序;严格执行上机操作秩序规定（10分）						

项目小结

1. 使用夹点功能可以方便地进行移动、旋转、缩放、拉伸等编辑操作,这些都是编辑对象非常方便快捷的方法。

2. 利用夹点进行编辑的模式有拉伸、移动、旋转、比例和镜像,可以利用空格键、回车键或快捷菜单(右击弹出快捷菜单)来循环切换这些模式。

3. 先按下 Shift 键即可同时选中多个夹点,从而对多个夹点同时进行编辑。

4. 多重复制(M)选项,利用此选项不仅一次可以复制多个旋转角度不同的对象,还可以完成各种环形阵列。

5. "倒角"命令用一条斜线连接两个非平行的对象,可用于倒角的对象有直线、多段线、构造线和射线等。

6. "圆角"命令用一段指定半径的圆弧光滑地连接两个对象。它可以处理的对象有直线、多段线、样条曲线、构造线、射线等,但圆角、椭圆不能倒圆角。

7. "分解"命令用于将复合对象分解为若干个基本的组成对象。它能分解的对象包括图块、实体、标注尺寸、剖面线、多段线和面域等。

8. "复制"命令可以将多个对象复制到指定位置,也可对一个或多个对象进行多次复制。

9. 阵列包括矩形阵列、路径阵列、环形阵列、经典阵列四种。

10. "缩放"命令是改变既有对象的比例,将对象按指定的比例因子相对于指定的基点放大或缩小。大于 1 的比例系数会放大对象,介于 0 与 1 之间的比例系数会缩小对象。

项目测评

一、单项选择

1. 在 CAD 中不能完成复制图形功能的命令是(　　　)。

A. COPY   B. MOVE

C. ROTATE   D. MIRROR

2. 一组同心圆可以由一个已经绘制好的圆用(　　)命令来实现。

A. STRETCH   B. MOVE

C. EXTEND   D. OFFSET

3. 对于同一平面上的两条不平行且无交点的线段,仅通过(　　　)命令就可以实现。

A. EXTEND   B. FILLET

C. STRETCH   D. LENGTHEN

4. (　　　)命令主要用于把一个对象分解成多个单一对象,主要应用于整体图形、图块、文字、尺寸标注等对象。

  A.偏移   B.分解

  C.打断   D.打断于点

  5.对两条直线使用圆角命令,则两条直线必须(　　　)。

  A.直观交于一点   B.延长后相交

  C.位置可任意   D.共面

  6.圆角的命令是(　　　)。

  A.CHAMFER   B.FILLET

  C.TRIM   D.SCALE

  7.(　　　)命令用于将选定的图形对象从当前位置平移到一个新的指定位置,而不改变对象的大小和方向。

  A.COPY   B.MOVE

  C.OFFSET   D.ROTATE

  8.拉伸命令的快捷键是(　　　)。

  A.S   B.EX

  C.EN   D.BR

  9.拉长命令的快捷键是(　　　)。

  A.S   B.EX

  C.EN   D.BR

二、综合练习

1.完成图3.57制冷过程及图3.58制热过程的绘制。

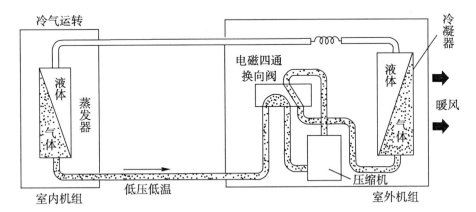

图3.57　制冷过程

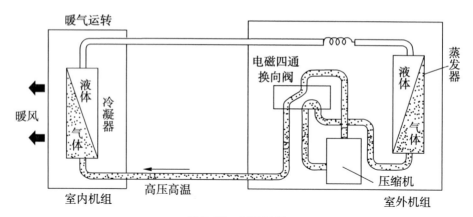

图 3.58　制热过程

2.绘制图 3.59 蒸发式冷凝器工作流程图,完成后将图纸命名为"蒸发式冷凝器工作流程图",要求:绘制在 0 图层;线宽设置为默认;颜色设置为随图层颜色。

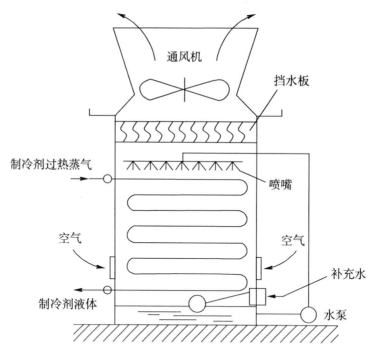

图 3.59　蒸发式冷凝器工作流程图

项目四　暖通空调制图的规范要求

　　暖通空调专业一般可划分为采暖工程、空调通风工程、供热工程和冷热源工程4部分。暖通空调的CAD制图除了应满足本专业的国家标准外,专业中的4个部分还根据其各自侧重点的不同,分别拥有各自的设计规定,具体的规定将在随后的项目中介绍。本项目着重介绍用于暖通空调专业的规范要求。

　　《房屋建筑制图统一标准》(GB/T 50001—2017)为推荐性国家标准,是房屋建筑制图的基本规定,适用于总图、建筑、结构、给水排水、暖通空调、电气等各个专业的制图,自2018年5月1日起实施。原国家标准《房屋建筑制图统一标准》(GB/T 50001—2010)同时废止。《暖通空调制图标准》(GB/T 50114—2010)总则中明确规定了暖通空调专业的制图标准。

学习目标

知识目标

了解关于暖通空调制图的规范要求;
认识暖通空调常用图例;
知道图纸幅面的大小分类;
了解不同符号的表示含义及标注方法。

技能目标

能够区分横式、立式的图纸幅面;
掌握国家规定的图纸、图线、字体、比例、符号等的具体要求;
能够按照要求设置字体的高及宽高比;
会按照图纸比例及图纸性质选择相应图线宽;
能够绘制暖通空调的常用图例。

情感目标

引导学生树立遵守规范的意识,形成自觉遵循制图规范的习惯。
培养学生对规范制图的敬畏感,认识到规范的重要性和必要性。

任务一 图纸、图线与字体

 知识链接

一、图纸

(一)图纸幅面

暖通空调设计图纸的图纸幅面和图框尺寸,即图纸图面的大小,按《房屋建筑制图统一标准》规定,分为 A4、A3、A2、A1 和 A0,具体大小详见表 4.1。

表 4.1 幅面及图框尺寸

单位:mm

尺寸代号	幅面代号				
	A0	A1	A2	A3	A4
$b \times l$	841×1189	594×841	420×594	297×420	210×297
c	10			5	
a	25				

注:表中 b 为幅面短边尺寸,l 为幅面长边尺寸,c 为图框线与幅面线间宽度,a 为图框线与装订边间宽度。

需要微缩复制的图纸,其一个边上应附有一段准确米制尺度,四个边上均应附有对中标志,米制尺度的总长应为 100 mm,分格应为 10 mm。对中标志应画在图纸内框各边长的中点处,线宽应为 0.35 mm,并应伸入内框边,在框外应为 5 mm。

图纸的短边尺寸不应加长,A0 ~ A3 幅面长边尺寸可加长;一个工程设计中,每个专业所使用的图纸,不宜多于两种幅面(不含目录及表格所采用的 A4 幅面)。

(二)标题栏

图纸中应有标题栏、图框线、幅面线、装订边线和对中标志。图纸的标题栏及装订边的位置,应符合下列规定:

1. 横式幅面

横式幅面使用的图纸,应按规定的形式布置,如图 4.1 ~ 图 4.3 所示。

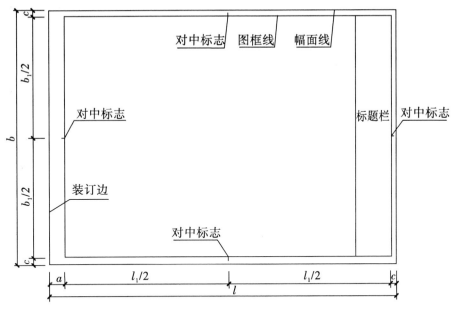

图 4.1　A0～A3 横式幅面（一）

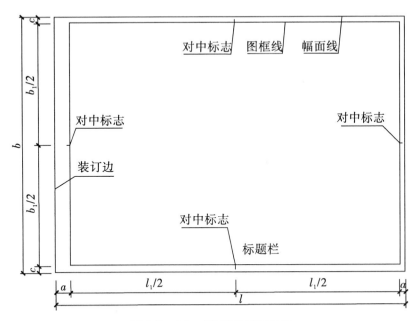

图 4.2　A0～A3 横式幅面（二）

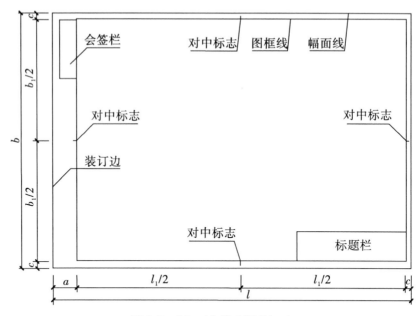

图 4.3　A0～A1 横式幅面(三)

2. 立式幅面

立式使用的图纸,应按规定的形式进行布置,如图 4.4～图 4.6 所示,应根据工程的需要选择确定标题栏、会签栏的尺寸、格式及分区。

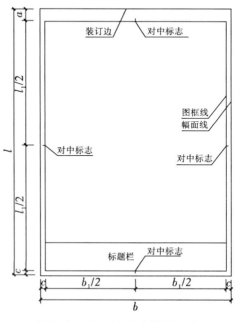

图 4.4　A0～A4 立式幅面(一)

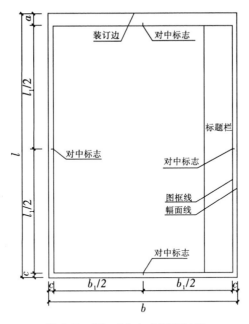

图 4.5　A0～A4 立式幅面(二)

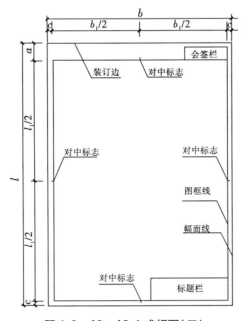

图 4.6　A0～A2 立式幅面(三)

(三)图纸编排顺序

　　工程图纸应按专业顺序编排,应按图纸目录、设计说明、总图、建筑图、结构图、给水排水图、暖通空调图、电气图等编排。

　　各专业的图纸,应按图纸内容的主次关系、逻辑关系进行分类,做到有序排列。

二、图线

图线的基本线宽 b ,宜按照图纸比例及图纸性质从 1.4 mm、1.0 mm、0.7 mm、0.5 mm 线宽系列中选取。每个图样,应根据复杂程度与比例大小,先选定基本线宽 b ,再选用表 4.2 中相应的线宽组。

表4.2　线宽组　　　　　　　　　　　单位:mm

线宽比	线宽组			
b	1.4	1.0	0.7	0.5
$0.7b$	1.0	0.7	0.5	0.35
$0.5b$	0.7	0.5	0.35	0.25
$0.25b$	0.35	0.25	0.18	(0.13)

注意事项:

①《暖通空调制图标准》(GB/T 50114—2010)中规定,基本宽度 b 宜选用 0.18 mm、0.35 mm、0.5 mm、0.7 mm、1.0 mm,图样中仅使用两种线宽时,线宽组宜为 b 和 $0.25b$ 。三种线宽的线宽组宜为 b 、$0.5b$ 和 $0.25b$,并应符合上表的规定。

②同一张图纸内,各不同线宽组的细线,可统一采用较细的线宽组的细线。

③同一张图纸内,相同比例的各图样应选用相同的线宽组。

④相互平行的图例线,其净间隙或线中间隙不宜小于 0.2 mm。

⑤虚线、单点长画线或双点长画线的线段长度和间隔,宜各自相等。

⑥单点长画线或双点长画线,当在较小图形中绘制有困难时,可用实线代替。

⑦单点长画线或双点长画线的两端,不应采用点。点画线与点画线交接或点画线与其他图线交接时,应采用线段交接。

⑧虚线与虚线交接或虚线与其他图线交接时,应采用线段交接。虚线为实线的延长线时,不得与实线相接。

⑨图线不得与文字、数字或符号重叠、混淆,不可避免时,应首先保证文字的清晰。

三、字体

图纸上所需书写的文字、数字或符号等,均应笔画清晰、字体端正、排列整齐;标点符号应清楚正确。

(一)文字的字高

文字的字高应从表4.3中选用。字高大于 10 mm 的文字宜采用 True type 字体,如需书写更大的字,其高度应按 $\sqrt{2}$ 的倍数递增。

(二)字高宽关系

图样及说明中的汉字,宜优先采用 True type 字体中的宋体字型,采用矢量字体时应

124

为长仿宋体字型。同一图纸字体种类不应超过两种。矢量字体的宽高比宜为0.7,且应符合表4.4的规定,打印线宽宜为0.25~0.35 mm;True type 字体宽高比宜为1。大标题、图册封面、地形图等的汉字,也可书写成其他字体,但应易于辨认,其宽高比宜为1。

表4.3　文字的字高　　　　　　　　　　　　　　　　　　单位:mm

字体种类	汉字矢量字体	True type 字体及非汉字矢量字体
字高	3.5、5、7、10、14、20	3、4、6、8、10、14、20

表4.4　长仿宋字高宽关系　　　　　　　　　　　　　　　单位:mm

字高	3.5	5	7	10	14	20
字宽	2.5	3.5	5	7	10	14

(三)字母及数字的书写规则

汉字的简化字书写应符合国家有关汉字简化方案的规定。

图样及说明中的字母、数字,宜优先采用 True type 字体中的 Roman 字体,书写规则应符合表4.5的规定。

①字母及数字,当需写成斜体字时,其斜度应是从字的底线逆时针向上倾斜75°。斜体字的高度和宽度应与相应的直体字相等。字母及数字的字高不应小于2.5 mm。

②数量的数值注写,应采用正体阿拉伯数字。各种计量单位凡前面有量值的,均应采用国家颁布的单位符号注写,单位符号应采用正体字母。

③分数、百分数和比例数的注写,应采用阿拉伯数字和数字符号。

④当注写的数字小于1时,应写出个位的"0",小数点应采用圆点,齐基准线书写。

⑤长仿宋汉字、字母、数字应符合现行国家标准《技术制图　字体》(GB/T 14691)的有关规定。

表4.5　字母及数字的书写规则

书写格式	字体	窄字体
大写字母高度	h	h
小写字母高度(上下均无延伸)	$(7/10)h$	$(10/14)h$
小写字母伸出的头部或尾部	$(3/10)h$	$(4/14)h$
笔画宽度	$(1/10)h$	$(1/14)h$
字母间距	$(2/10)h$	$(2/14)h$
上下行基准线的最小间距	$(15/10)h$	$(21/14)h$
词间距	$(6/10)h$	$(6/14)h$

注:h 为字体高度。

🖑 任务实施

一、绘制横式、立式幅面

分别绘制图 4.7、图 4.8 所示横式幅面、立式幅面,要求包括标题栏、会签栏。

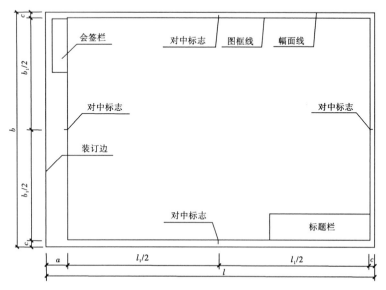

图 4.7　横式幅面

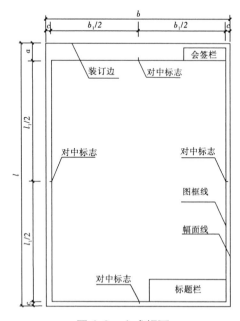

图 4.8　立式幅面

二、任务评价

姓名			学号			组别		
班级			日期			组长签字		
类别	项目	考核内容	自评	小组评	教师评	总分	评分标准	
理论	基础知识（100分）	知道 A4 图纸幅面大小及设定方法（25分）						
		会设置尺寸界限（25分）						
		知道标题栏绘制方法（25分）						
		会设置线宽比（25分）						
技能	技能目标（60分）	幅面大小设置正确（15分）						
		尺寸界限设置正确（15分）						
		标题栏绘制正确（15分）						
		线宽比设置正确（15分）						
	任务完成质量（30分）	掌握熟练程度（10分）						
		准确及规范度（10分）						
		工作效率或完成任务速度（10分）						
	职业素养（10分）	遵守操作规范,养成良好的制图习惯;尊重他人劳动,不窃取他人成果;遵守课堂秩序;严格执行上机操作秩序规定（10分）						

任务二　比例、符号和图样

 知识链接

一、比例、符号

(一)比例

图样的比例,应为图形与实物相对应的线性尺寸之比;比例的符号应为":",比例应以阿拉伯数字表示;比例宜注写在图名的右侧,字的基准线应取平;比例的字高宜比图名的字高小一号或二号,如图4.9所示。

平面图 1:100　　⑥1:20

图4.9　比例的注写

绘图所用的比例应根据图样的用途与被绘对象的复杂程度,从表4.6中选用,并应优先采用表4.6中常用比例。

表4.6　绘图所用的比例

常用比例	1：1、1：2、1：5、1：10、1：20、1：30、1：50、1：100、1：150、1：200、1：500、1：1000、1：2000
可用比例	1：3、1：4、1：6、1：15、1：25、1：40、1：60、1：80、1：250、1：300、1：400、1：600、1：5000、1：10000、1：20000、1：50000、1：100000、1：200000

一般情况下,一个图样应选用一种比例。根据专业制图需要,同一图样可选用两种比例。特殊情况下也可自选比例,这时除应注出绘图比例外,还应在适当位置绘制出相应的比例尺。需要缩微的图纸应绘制比例尺。

《暖通空调制图标准》(GB/T 50114—2010)中规定,总平面图、平面图的比例宜与工程项目设计的主导专业一致,其余可按表4.7选用。

表4.7　比例

图名	常用比例	可用比例
剖面图	1：50、1：100	1：150、1：200

续表4.7

图名	常用比例	可用比例
局部放大图、管沟断面图	1∶20、1∶50、1∶100	1∶25、1∶30、1∶150、1∶200
索引图、详图	1∶1、1∶2、1∶5、1∶10、1∶20	1∶3、1∶4、1∶15

(二)符号

1.剖切符号

剖切符号宜优先选择常用剖切符号方法,如图4.10所示,同一套图纸应选用一种表示方法。

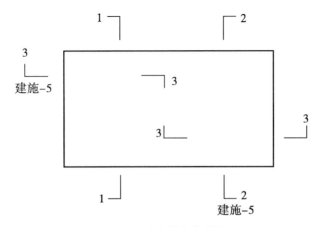

图4.10 剖视的剖切符号

采用国际通用剖视表示方法时,剖面及断面的剖切符号应符合下列规定:

剖面剖切索引符号应由直径为8～10 mm的圆和水平直径以及两条相互垂直且外切圆的线段组成,水平直径上方应为索引编号,下方应为图纸编号,线段与圆之间应填充黑色并形成箭头表示剖视方向,索引符号应位于剖线两端;断面及剖视详图剖切符号的索引符号应位于平面图外侧一端,另一端为剖视方向线,长度宜为7～9 mm,宽度宜为2 mm。

2.索引符号

当索引出的详图采用标准图时,应在索引符号水平直径的延长线上加注该标准图集的编号,如图4.11所示。需要标注比例时,应在文字的索引符号右侧或延长线下方,与符号下对齐。

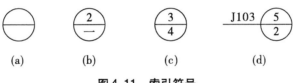

图4.11 索引符号

当索引符号用于索引剖视详图时,应在被剖切的部位绘制剖切位置线,并以引出线引出索引符号,引出线所在的一侧应为剖视方向,如图4.12所示。

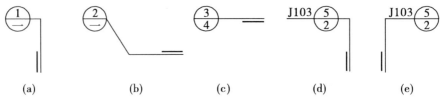

图4.12 用于索引剖视详图的索引符号

零件、钢筋、杆件及消火栓、配电箱、管井等设备的编号宜以直径为 4～6 mm 的圆表示,圆线宽为 $0.25b$,同一图样应保持一致,其编号应用阿拉伯数字按顺序编写,如图4.13所示。

图4.13 零件、钢筋等的编号

详图的位置和编号应以详图符号表示。详图符号的圆直径应为 14 mm,线宽为 b。详图编号应符合下列规定:当详图与被索引的图样同在一张图纸内时,应在详图符号内用阿拉伯数字注明详图的编号,如图4.14所示;当详图与被索引的图样不在同一张图纸内时,应用细实线在详图符号内画一水平直径,在上半圆中注明详图编号,在下半圆中注明被索引的图纸的编号,如图4.15所示。

图4.14 与被索引图样同在一张图纸内的详图索引

图4.15 与被索引图样不在同一张图纸内的详图索引

3.引出线

引出线线宽应为 $0.25b$,宜采用水平方向的直线,或与水平方向成 30°、45°、60°、90°的直线,并经上述角度再折成水平线。文字说明宜注写在水平线的上方,如图4.16(a)所示,也可注写在水平线的端部,如图4.16(b)所示。索引详图的引出线,应与水平直径线相连接,如图4.16(c)所示。

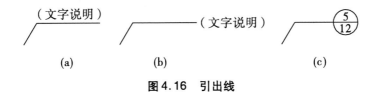

图4.16 引出线

同时引出的几个相同部分的引出线,宜互相平行,如图4.17(a)所示,也可画成集中于一点的放射线,如图4.17(b)所示。

图4.17 共用引出线

多层构造或多层管道共用引出线,应通过被引出的各层,并用圆点示意对应各层次。文字说明宜注写在水平线的上方,或注写在水平线的端部,说明的顺序应由上至下,并应与被说明的层次对应一致;如层次为横向排序,则由上至下的说明顺序应与由左至右的层次对应一致,如图4.18所示。

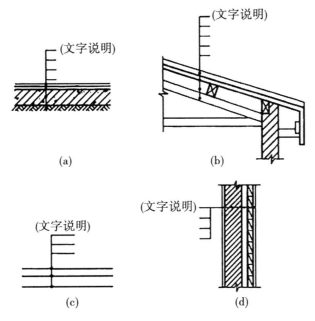

图4.18 多层引出线

4.其他符号

对称符号应由对称线和两端的两对平行线组成。对称线应用单点长画线绘制,线宽宜为 0.25b;平行线应用实线绘制,其长度宜为 6~10 mm,每对的间距宜为 2~3 mm,线宽宜为 0.5b;对称线应垂直平分于两对平行线,两端超出平行线宜为 2~3 mm,如图 4.19 所示。

连接符号应以折断线表示需连接的部分。两部位相距过远时,折断线两端靠图样一侧应标注大写英文字母表示连接编号,如图 4.20 所示。

图 4.19 对称符号   图 4.20 连接符号

指北针的形状应符合规定,其圆的直径宜为 24 mm,用细实线绘制;指针尾部的宽度宜为 3 mm,指针头部应注"北"或"N"字。需用较大直径绘制指北针时,指针尾部的宽度宜为直径的 1/8,如图 4.21 所示。

图 4.21 指北针

(三)定位轴线

定位轴线应用 0.25b 线宽的单点长画线绘制。定位轴线应编号,编号应注写在轴线端部的圆内。圆应用 0.25b 线宽的实线绘制,直径宜为 8~10 mm。定位轴线圆的圆心应在定位轴线的延长线上或延长线的折线上。

除较复杂需采用分区编号或圆形、折线形外,平面图上定位轴线的编号,宜标注在图样的下方及左侧,或在图样的四面标注。横向编号应用阿拉伯数字,从左至右顺序编写;竖向编号应用大写英文字母,从下至上顺序编写,如图 4.22 所示。

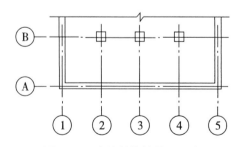

图 4.22 定位轴线的编号顺序

英文字母作为轴线号时,应全部采用大写字母,不应用同一个字母的大小写来区分轴线号。英文字母的 I、O、Z 不得用作轴线编号。当字母数量不够使用时,可增用双字母或单字母加数字注脚。

组合较复杂的平面图中定位轴线可采用分区编号,如图 4.23 所示,编号的注写形式应为"分区号-该分区定位轴线编号",分区号宜采用阿拉伯数字或大写英文字母表示;多子项的平面图中定位轴线可采用子项编号,编号的注写形式为"子项号-该子项定位轴线编号",子项号采用阿拉伯数字或大写英文字母表示,如"1-1""1-A"或"A-1""A-2"。当采用分区编号或子项编号,同一根轴线有不止 1 个编号时,相应编号应同时注明。

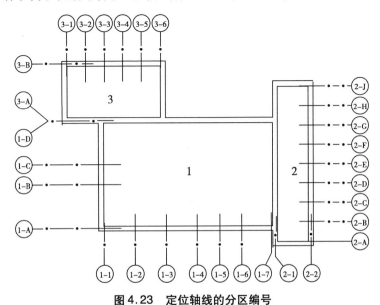

图 4.23　定位轴线的分区编号

附加定位轴线的编号应以分数形式表示。两根轴线的附加轴线,应以分母表示前一轴线的编号,分子表示附加轴线的编号,编号宜用阿拉伯数字顺序编写;1 号轴线或 A 号轴线之前的附加轴线的分母应以 01 或 0A 表示;一个详图适用于几根轴线时,应同时注明各有关轴线的编号,如图 4.24 所示。

用于2根轴线时　　用于3根或3根　　用于3根以上连续
　　　　　　　　　以上轴线时　　　　编号的轴线时

图 4.24　详图的轴线编号

圆形与弧形平面图中的定位轴线,其径向轴线应以角度进行定位,其编号宜用阿拉伯数字表示,从左下角或-90°(若径向轴线很密,角度间隔很小)开始,按逆时针顺序编

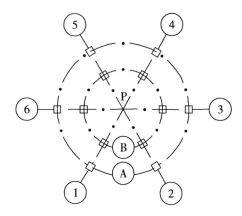

写;其环向轴线宜用大写英文字母表示,从外向内顺序编写,如图4.25、图4.26所示。圆形与弧形平面图的圆心宜选用大写英文字母(I、O、Z除外)编号,有不止1个圆心时,可在字母后加注阿拉伯数字进行区分,如P1、P2、P3。

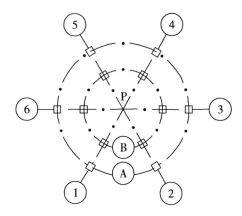

图4.25 圆形平面定位轴线的编号

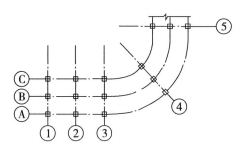

图4.26 弧形平面定位轴线的编号

折线形平面图中定位轴线的编号可按图4.27的形式编写。

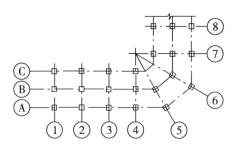

图4.27 折线形平面定位轴线的编号

(四)管道、风道常用代号

1.水、汽管道常用代号

水、汽管道可用线型区分,也可用代号区分,水、汽管道代号宜按表4.8采用。

表4.8 水、汽管道代号

序号	代号	管道名称	备注
1	RG	采暖热水供水管	可附加1、2、3等表示一个代号、不同参数的多种管道
2	RH	采暖热水回水管	可通过实线、虚线表示供、回关系省略字母G、H
3	LG	空调冷水供水管	—
4	LH	空调冷水回水管	—
5	KRG	空调热水供水管	—
6	KRH	空调热水回水管	—
7	LRG	空调冷、热水供水管	—
8	LRH	空调冷、热水回水管	—
9	LQG	冷却水供水管	—
10	LQH	冷却水回水管	—
11	n	空调冷凝水管	—
12	PZ	膨胀水管	—
13	BS	补水管	—
14	X	循环管	—
15	LM	冷媒管	—
16	YG	乙二醇供水管	—
17	YH	乙二醇回水管	—
18	BG	冰水供水管	—
19	BH	冰水回水管	—
20	ZG	过热蒸汽管	—
21	ZB	饱和蒸汽管	可附加1、2、3等表示一个代号、不同参数的多种管道
22	Z2	二次蒸汽管	—
23	N	凝结水管	—
24	J	给水管	—
25	SR	软化水管	—
26	CY	除氧水管	—
27	GG	锅炉进水管	—
28	JY	加药管	—
29	YS	盐溶液管	—
30	XI	连续排污管	—
31	XD	定期排污管	—

续表 4.8

序号	代号	管道名称	备注
32	XS	泄水管	—
33	YS	溢水(油)管	—
34	R_1G	一次热水供水管	—
35	R_1H	一次热水回水管	—
36	F	放空管	—
37	FAQ	安全阀放空管	—
38	O1	柴油供油管	—
39	O2	柴油回油管	—
40	OZ1	重油供油管	—
41	OZ2	重油回油管	—
42	OP	排油管	—

　　自定义水、汽管道代号不应与上表的规定矛盾,并应在相应图面说明。
　　2.风道常用代号
　　见表4.9。

表 4.9　风道代号

序号	代号	管道名称	备注
1	SF	送风管	—
2	HF	回风管	一、二次回风可附加1、2区别
3	PF	排风管	—
4	XF	新风管	—
5	PY	消防排烟风管	—
6	ZY	加压送风管	—
7	P(Y)	排风排烟兼用风管	—
8	XB	消防补风风管	—
9	S(B)	送风兼消防补风风管	—

　　自定义风道代号不应与上表的规定矛盾,并应在相应图面说明。

二、图样画法

在工程设计中,宜依次表示图纸目录、选用图集(纸)目录、设计施工说明、图例、设备及主要材料表、总图、工艺图、系统图、平面图、剖面图、详图等,如单独成图时,其图纸编号应按所述顺序排列。图样需用的文字说明,宜以"注:""附注:"或"说明:"的形式在图纸右下方、标题栏的上方书写,并应用"1,2,3,…"进行编号。

一张图幅内绘制平面图、剖面图等多种图样时,宜按平面图、剖面图、安装详图,从上至下、从左至右的顺序排列;当一张图幅绘有多层平面图时,宜按建筑层次由低至高、由下而上的顺序排列。

(一)明细表

图纸中的设备或部件不便用文字标注时,可进行编号。图样中仅标注编号时,其名称宜以"注:""附注:"或"说明:"表示。如需表明其型号(规格)、性能等内容,宜用"明细表"表示,如图 4.28 所示。

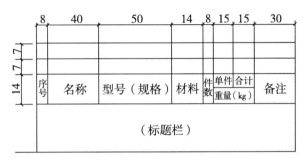

图 4.28　明细表

初步设计和施工图设计的设备表应至少包括序号(或编号)、设备名称、技术要求、数量、备注栏;材料表应至少包括序号(或编号)、材料名称、规格或物理性能、数量、单位、备注栏。

平面图上应标注设备、管道定位(中心、外轮廓)线与建筑定位(轴线、墙边、柱边、柱中)线间的关系;剖面图上应注出设备、管道(中、底或顶)标高。必要时,还应注出距该层楼(地)板面的距离。建筑平面图采用分区绘制时,暖通空调专业平面图也可分区绘制。但分区部位应与建筑平面图一致,并应绘制分区组合示意图。

(二)系统编号

一个工程设计中同时有供暖、通风、空调等两个及两个以上的不同系统时,应进行系统编号。暖通空调系统编号、入口编号,应由系统代号和顺序号组成,系统编号如表 4.10 所示。

表 4.10 系统编号

序号	字母代号	系统名称	序号	字母代号	系统名称
1	N	(室内)供暖系统	9	H	回风系统
2	L	制冷系统	10	P	排风系统
3	R	热力系统	11	XP	新风换气系统
4	K	空调系统	12	JY	加压送风系统
5	J	净化系统	13	PY	排烟系统
6	C	除尘系统	14	P(PY)	排风兼排烟系统
7	S	送风系统	15	RS	人防送风系统
8	X	新风系统	16	RP	人防排风系统

 任务实施

一、绘制暖通空调常用图例

选用合适比例,绘制水、汽管道阀门及附件,包括截止阀、闸阀、蝶阀、止回阀、安全阀、角阀、金属软管、Y 形过滤器、球形补偿器。

二、任务评价

姓名			学号			组别	
班级			日期			组长签字	
类别	项目	考核内容	自评	小组评	教师评	总分	评分标准
理论	基础知识(100分)	会设置绘制比例(25分)					
		会使用基础绘图指令(25分)					
		会使用编辑命令(25分)					
		了解水、汽管道阀门及附件的基本形状(25分)					

技能	技能目标 (60分)	比例设置正确(15分)					
		水、汽管道阀门及附件绘制尺寸、大小正确(15分)					
		定义块命令正确(15分)					
		加入图库方式正确(15分)					
	任务完成质量(30分)	掌握熟练程度(10分)					
		准确及规范度(10分)					
		工作效率或完成任务速度(10分)					
	职业素养 (10分)	遵守操作规范,养成良好的制图习惯;尊重他人劳动,不窃取他人成果;遵守课堂秩序;严格执行上机操作秩序规定(10分)					

项目小结

　　1.暖通空调设计图纸的图纸幅面和图框尺寸,即图纸图面的大小,按《房屋建筑制图统一标准》规定,分为 A4、A3、A2、A1 和 A0。

　　2.图纸中应有标题栏、图框线、幅面线、装订边线和对中标志。

　　3.工程图纸应按专业顺序编排,应按图纸目录、设计说明、总图、建筑图、结构图、给水排水图、暖通空调图、电气图等编排。各专业的图纸,应按图纸内容的主次关系、逻辑关系进行分类,做到有序排列。

　　4.同一张图纸内,相同比例的各图样应选用相同的线宽组。

　　5.图线不得与文字、数字或符号重叠、混淆,不可避免时,应首先保证文字的清晰。

　　6.同一图纸字体种类不应超过两种。矢量字体的宽高比宜为 0.7,且应符合规定,打印线宽宜为 0.25 ~ 0.35 mm;True type 字体宽高比宜为 1。

　　7.《暖通空调制图标准》(GB/T 50114—2010)中规定,总平面图、平面图的比例宜与工程项目设计的主导专业一致。

　　8.当索引出的详图采用标准图时,应在索引符号水平直径的延长线上加注该标准图集的编号。需要标注比例时,应在文字的索引符号右侧或延长线下方,与符号下对齐。

　　9.对称符号应由对称线和两端的两对平行线组成。

10.除较复杂需采用分区编号或圆形、折线形外,平面图上定位轴线的编号,宜标注在图样的下方及左侧,或在图样的四面标注。横向编号应用阿拉伯数字,从左至右顺序编写;竖向编号应用大写英文字母,从下至上顺序编写。

11.一张图幅内绘制平面图、剖面图等多种图样时,宜按平面图、剖面图、安装详图,从上至下、从左至右顺序排列;当一张图幅绘有多层平面图时,宜按建筑层次由低至高、由下而上顺序排列。

12.一个工程设计中同时有供暖、通风、空调等两个及两个以上的不同系统时,应进行系统编号。

项目测评

一、单项选择

1.当建筑图纸需要加长时,一般应(　　)。

A.短边加长,长边不加长　　　　　B.短边不加长,长边加长

C.长边、短边均可加长　　　　　　D.可按比例放大

2.矩形风管所注标高未予说明时,表示(　　)标高;圆形风管所注标高未予说明时,表示(　　)标高。

A.管中心;管顶　　　　　　　　　B.管顶;管中心

C.管中心;管底　　　　　　　　　D.管底;管中心

3.在进行标高时,正数标高(　　),负数标高(　　)。

A.应标注"+";应标注"-"　　　　　B.应标注"+";不标注"-"

C.不标注"+";应标注"-"　　　　　D.以上标注方法均不对

4.A4图纸的大小为(　　)。

A.594 mm×841 mm　　　　　　B.420 mm×594 mm

C.297 mm×420 mm　　　　　　D.210 mm×297 mm

5.需要缩微的图纸,不宜采用(　　)及更细的线宽。

A.0.18 mm　　　　　　　　　　B.0.35 mm

C.0.5 mm　　　　　　　　　　　D.0.7 mm

6.相互平行的图例线,其净间隙或线中间隙不宜小于(　　)。

A.0.05 mm　　　　　　　　　　B.0.1 mm

C.0.2 mm　　　　　　　　　　　D.0.5 mm

7.字高大于(　　)的文字宜采用 True type 字体。

A.2 mm　　　　　　　　　　　　B.5 mm

C.10 mm　　　　　　　　　　　D.20 mm

8.字母及数字,当需写成斜体字时,其斜度应是从字的底线逆时针向上倾斜(　　)。

A.45°　　　　　　　　　　　　　B.60°

C. 75°   D. 30°

9. 横向编号应用(   ),(   )顺序编写;竖向编号应用(   ),(   )顺序编写。

A. 阿拉伯数字;从左至右;大写英文字母;从下至上

B. 阿拉伯数字;从下至上;大写英文字母;从左至右

C. 大写英文字母;从左至右;阿拉伯数字;从下至上

D. 大写英文字母;从下至上;阿拉伯数字;从左至右

10. 空调冷水供水管的代号为(   )。

A. RG   B. RH

C. LG   D. LH

二、综合练习

绘制图 4.29 ~ 图 4.32 图例符号,要求:绘制在 0 图层;线宽设置为默认线宽;设备颜色设置为洋红,颜色索引号为 6(尺寸标注颜色自定义设置);未注明尺寸自定义绘制。

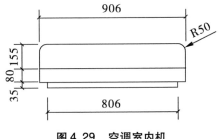

图 4.29　空调室内机

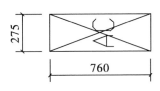

图 4.30　空调室外机

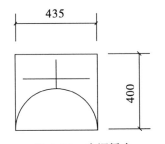

图 4.31　空调插座

图 4.32　墙身孔

项目五　建筑平面图的绘制及负荷计算

自本项目开始,需要大量使用浩辰 CAD 暖通中的暖通工具箱,如图 5.1 所示。

图 5.1　暖通工具箱

学习目标

知识目标

了解建筑设计的方法;
知道轴网标注的具体方法;
学会创建负荷工程文件,并修改相关建筑信息。

技能目标

会绘制直线轴网、斜交轴网、圆弧轴网;
会绘制墙体,能够正确使用墙生轴网功能;
能够正确添加柱子;
能够正确布置不同种类的门窗、楼梯、屋顶等;
能够使用"负荷计算"工具对建筑物进行不同种类的负荷计算;

熟练掌握批量修改房间参数和负荷对象参数；

能够输出 Excel 计算书；

熟练掌握管理器及其他工具的使用方法。

情感目标

培养学生的团队协作能力，完成建筑平面图绘制和负荷计算。

任务一　建筑平面图的绘制

浩辰暖通工具箱中有暖通空调、二维暖通、建筑设计、工程管理、通用工具、图库、设置帮助几个选项，分别应用于不同设计中的使用需求。本任务主要学习如何使用浩辰暖通工具箱中的"建筑设计"功能进行建筑设计，见图5.2。

图5.2　浩辰暖通工具箱中的"建筑设计"功能

知识链接

一、轴网柱子

轴网柱子工具见图5.3。

图5.3 轴网柱子工具

(一)轴网

1. 绘制轴网

菜单位置:[建筑设计]→[轴网柱子]→[绘制轴网]

本功能用于生成建筑轴网,包括直线轴网、斜交轴网、圆弧轴网。点击"绘制轴网"选项后弹出"绘制轴网"对话框,如图5.4所示。

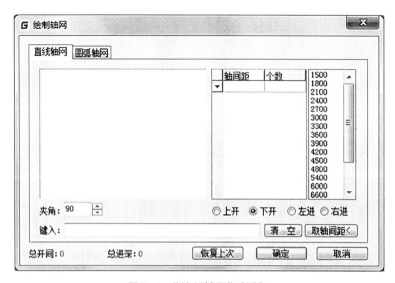

图5.4 "绘制轴网"对话框

其中"直线轴网"选项卡用于生成正交轴网、斜交轴网或单向轴网。输入轴间距、个数和单项轴线长度,即可创建单向轴网,如图5.5、图5.6所示。

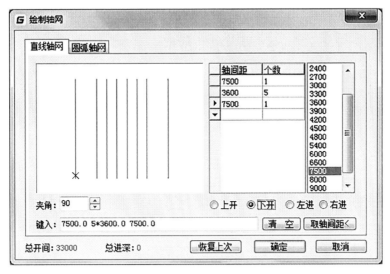

图5.5　直线轴网

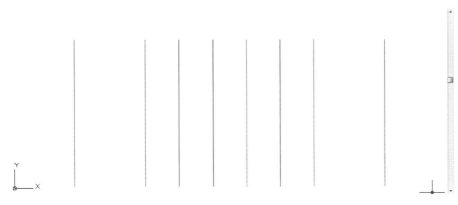

图5.6　纵向轴网

通常建筑轴网横向、纵向需一同设置,效果如图5.7所示。

圆弧轴网(图5.8)由一组同心弧线或不过圆心的径向直线组成。

"圆弧轴网"选项卡中,点取表格上方选择轴夹角、个数、进深,即可生成如图5.9所示的圆弧轴网。

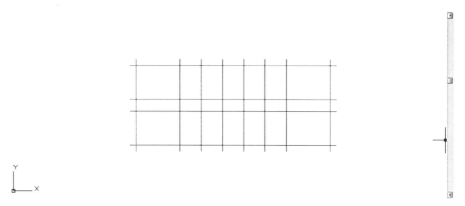

图 5.7　横纵轴网

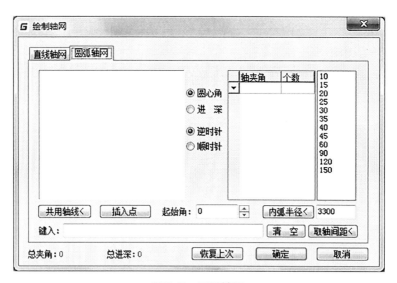

图 5.8　圆弧轴网

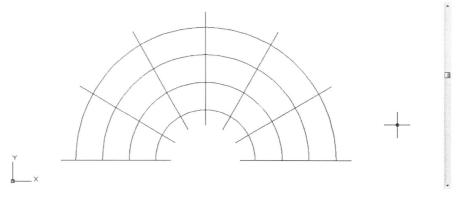

图 5.9　圆弧轴网效果图

2. 墙生轴网

菜单位置：[建筑设计]→[轴网柱子]→[墙生轴网]

在设计过程中，有时需反复修改平面图，如加、删墙体，改开间、进深等，用轴线定位不方便，为此浩辰 CAD 暖通提供根据墙体生成轴网的功能，可以在参考栅格点上直接进行设计，待平面方案确定后，再用本命令生成轴网。也可用墙体命令绘制平面草图，然后生成轴网。

如图 5.10 所示为绘制好的墙体。

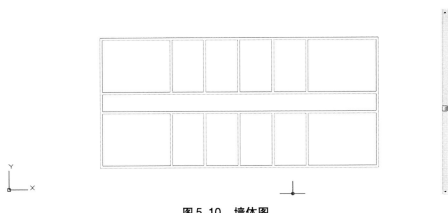

图 5.10　墙体图

选择"墙生轴网"选项，根据命令选择墙体，确认，即可完成由墙体生成轴网，效果如图 5.11 所示。

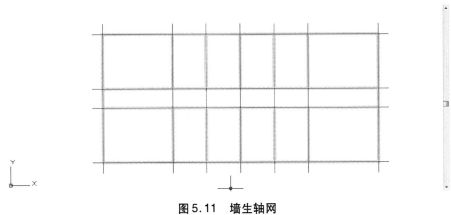

图 5.11　墙生轴网

3. 轴网标注

菜单位置：[建筑设计]→[轴网柱子]→[轴网标注]

轴网标注可以批量标注轴网编号。

选择"轴网标注"选项，弹出"轴网标注"对话框，如图 5.12 所示。

图 5.12 "轴网标注"对话框

根据提示,填写起始轴号,选择轴号规则等选项,根据提示指定轴线,即可快速生成轴网标注,效果如图 5.13 所示。

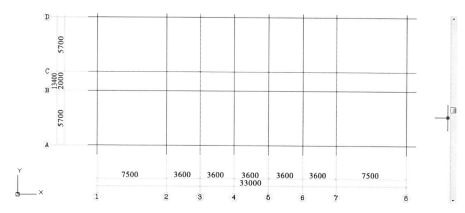

图 5.13 生成轴网标注

(二)轴线

1. 添加轴线

菜单位置:[建筑设计]→[轴网柱子]→[添加轴线]

本命令应在"轴网标注"命令完成后执行,功能是参考某一根已经存在的轴线,在其任意一侧添加一根新轴线,同时根据选择赋予新的轴号,把新轴线和轴号一起融入存在的参考轴号系统中。

选择"添加轴线"选项,根据提示选择参考轴线,确定距参考轴的距离,则可自动添加轴线,且新轴线会根据命名规则,一同改变,其他受影响的轴号,依次改变,如图 5.14 所示。

2. 轴线裁剪与合并

(1)轴线裁剪

菜单位置:[建筑设计]→[轴网柱子]→[轴线裁剪]

本命令可根据设定的多边形与直线范围,裁剪多边形内的轴线或者直线某一侧的轴线。选择"轴线裁剪"选项,根据提示选择要裁剪的轴线,即可完成裁剪轴线命令。

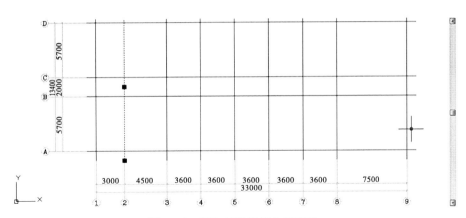

图5.14　添加轴线轴号自动更改

（2）轴网合并

菜单位置：［建筑设计］→［轴网柱子］→［轴网合并］

本命令用于将多组轴网的轴线，按指定的一个到四个边界延伸，合并为一组轴线，同时将其中重合的轴线清理。目前本命令不对非正交的轴网和多个非正交排列的轴网进行处理。

3. 轴改线型

菜单位置：［建筑设计］→［轴网柱子］→［轴改线型］

本命令在点画线和连续线两种线型之间切换。建筑制图要求轴线必须使用点画线，但由于点画线不便于对象捕捉，常在绘图过程使用连续线，在输出的时候切换为点画线。如果使用模型空间出图，则线型比例用10倍的当前比例决定，当出图比例为1∶100时，默认线型比例为1 000。如果使用图纸空间出图，浩辰CAD暖通软件内部已经考虑了自动缩放。如图5.15、图5.16所示，为连续线与点画线的效果。

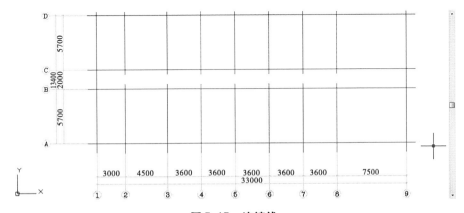

图5.15　连续线

149

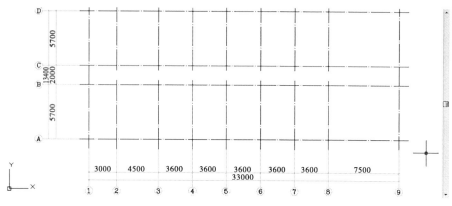

图 5.16　点画线

(三)柱子

1. 标准柱

菜单位置:[建筑设计]→[轴网柱子]→[标准柱]

在轴线的交点或任何位置插入矩形柱、圆柱或正多边形柱,后者包括常用的三、五、六、八、十二边形断面,还包括创建异形柱的功能。插入柱子的基准方向总是沿着当前坐标系的方向,如果当前坐标系是 UCS,柱子的基准方向自动按 UCS 的 X 轴方向,不必另行设置。

选择"标准柱"选项,弹出"标准柱"对话框,如图 5.17 所示。

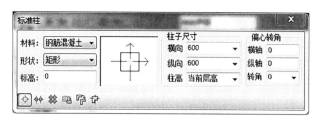

图 5.17　"标准柱"对话框

可根据设计需要,选择标准柱的材料、形状、标高以及柱子的尺寸、偏心转角等参数,然后插入在设计图中,并可在左下角选择六种插入方式,分别依次为"点选插入柱子""沿着一根轴线布置柱子""指定的矩形区域内的轴线交点插入柱子""替换图中已插入的柱子""选择 PLine 线创建异形柱""在图中拾取柱子形状或已有柱子"。插入柱子效果如图 5.18 所示。

2. 角柱

菜单位置:[建筑设计]→[轴网柱子]→[角柱]

在墙角插入轴线形状与墙一致的角柱,宽度默认居中,高度为当前层高。生成的角柱与标准柱类似,每一边都有可调整长度和宽度的夹点,可以方便地按要求修改。选择"角柱"选项,弹出"角柱"对话框,如图 5.19 所示。

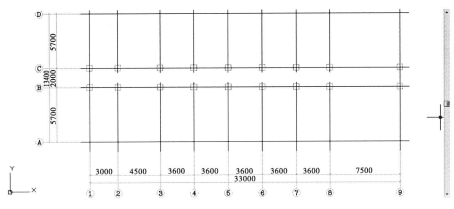

图5.18　插入柱子

可根据设计需要,选择角柱的材料、分支长度、分支宽度、底高和高度等信息。注意:角柱需选取墙角,应在已经创建墙体的基础上进行选取,如图5.20所示。

图5.19　"角柱"对话框

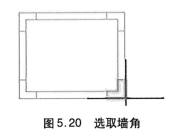

图5.20　选取墙角

二、墙体

(一)墙体

1.绘制墙体

菜单位置:[建筑设计]→[墙体]→[绘制墙体]

本命令启动名为"绘制墙体"的非模式对话框,其中可以设定墙体参数,如图5.21所示。

不必关闭对话框即可直接从对话框左下角使用"直墙""弧墙"和"矩形绘墙"三种方式绘制墙体对象,墙线相交处自动处理,墙宽随时定义,墙高随时改变,在绘制过程中墙端点可以回退,使用过的墙厚参数在数据文件中按不同材料分别保存,还可选择是否需要自动打断墙体。

为了准确地定位墙体端点位置,浩辰CAD暖通软件内部提供了对已有墙基线、轴线和柱子的自动捕捉功能。必要时也可以按下F3键打开软件的捕捉功能。

软件具有动态墙体绘制功能,按下状态行"DYN"按钮,启动动态距离和角度提示,按Tab键可切换参数栏,输入距离和角度数据。绘制效果如图5.22所示。

151

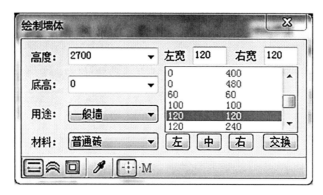

图 5.21 "绘制墙体"对话框

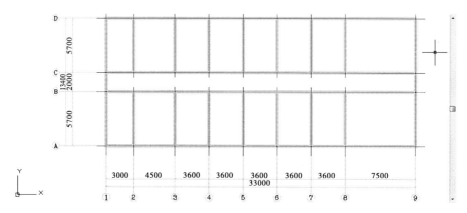

图 5.22 动态墙体绘制功能

2.等分加墙

菜单位置:[建筑设计]→[墙体]→[等分加墙]

用于在已有的大房间按等分的原则划分出多个小房间。选择"等分加墙"弹出"等分加墙"对话框,如图 5.23 所示,根据提示选择等分数,并选择等分所参照的墙段和另一边界的墙段。

图 5.23 等分加墙

将一段墙在纵向等分、垂直方向加入新墙体,同时新墙体延伸到给定边界。本命令有三种相关墙体参与操作过程,有参照墙体、边界墙体和生成的新墙体。等分效果如图5.24所示。

图 5.24　等分加墙效果

3. 单线变墙

菜单位置:[建筑设计]→[墙体]→[单线变墙]

本命令有两个功能,一是将 LINE、ARC、PLINE、Circle 绘制的单线转为墙体对象,其中墙体的基线与单线相重合;二是在基于设计好的轴网创建墙体,然后进行编辑,创建墙体后仍保留轴线,智能判断清除轴线的伸出部分。选择"单线变墙"后弹出"单线变墙"对话框,如图 5.25 所示,可选择"轴网生墙"或"单线变墙",并设置相关参数。

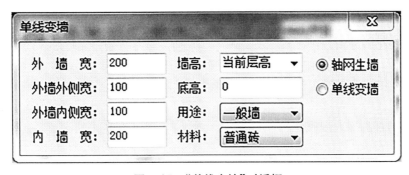

图 5.25　"单线变墙"对话框

使用"单线变墙"选项,效果如图 5.26 所示。

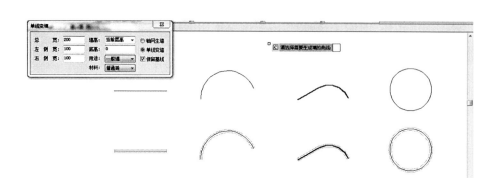

图 5.26　单线变墙

使用"轴网生墙"选项,即可将图 5.27(a)改变为图 5.27(b)。

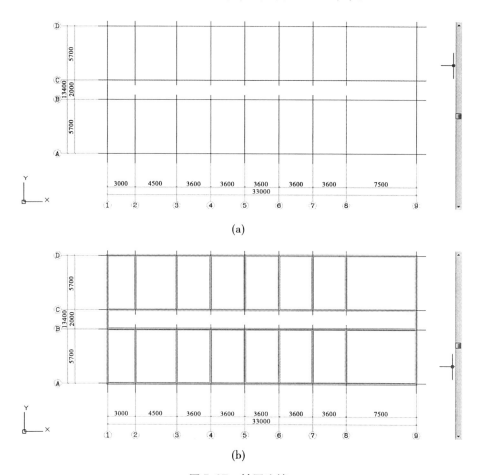

(a)

(b)

图 5.27　轴网生墙

4.墙体分段

菜单位置:[建筑设计]→[墙体]→[墙体分段]

本命令将原来的一段墙按给定的两点分为两段或者三段,可选择在墙体相交处打断墙体,打断后的墙体按新给定的材料和左右墙宽重新设置。

选择"墙体分段"选项,弹出"墙体分段"对话框(图5.28),可选择六种方式进行墙体分段,分别为:任意点处打断墙体、两点打断墙体、区域内交点打断墙体、柱子打断墙体、门窗打断墙体、交点处打断墙体,如图5.29所示。

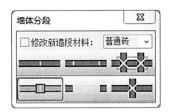

图5.28　"墙体分段"对话框

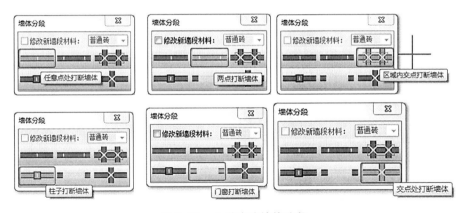

图5.29　六种方式墙体分段

5.倒墙角及倒斜角

(1)倒墙角

菜单位置:[建筑设计]→[墙体]→[倒墙角]

本命令功能与 AutoCAD 的圆角(Fillet)命令相似,专门用于处理两段不平行的墙体的端头交角,使两段墙以指定圆角半径进行连接,圆角半径按墙中线计算,注意如下几点:

①当圆角半径不为0时,两段墙体的类型、总宽和左右宽(两段墙体偏心)必须相同,否则不进行倒角操作,效果如图5.30所示。

②当圆角半径为0时,自动延长两段墙体进行连接,效果如图5.31所示,此时两段墙体的厚度和材料可以不同。当参与倒角的两段墙体平行时,系统自动以墙间距为直径加弧墙连接。

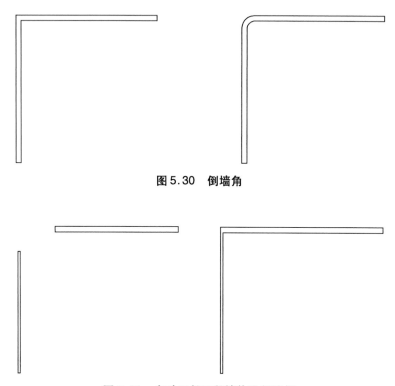

图 5.30　倒墙角

图 5.31　自动延长两段墙体进行连接

在同一位置不应反复进行半径不为 0 的圆角操作,在再次圆角前应先把上次圆角时创建的圆弧墙删除。

(2)倒斜角

菜单位置:[建筑设计]→[墙体]→[倒斜角]

本命令功能与 AutoCAD 的倒角(Chamfer)命令相似,专门用于处理两段不平行的墙体的端头交角,使两段墙以指定倒角长度进行连接,倒角距离按墙中线计算,如图 5.32所示。

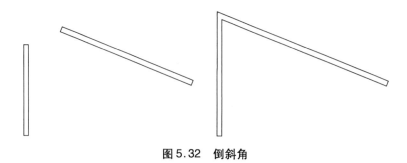

图 5.32　倒斜角

(二)其他辅助功能

1. 功能

(1)基线对齐

菜单位置:[建筑设计]→[墙体]→[基线对齐]

本命令用于纠正以下两种情况的墙线错误:①由于基线不对齐或不精确对齐而导致墙体显示或搜索房间出错;②由于短墙存在而造成墙体显示不正确情况下去除短墙并连接剩余墙体。

(2)边线对齐

菜单位置:[建筑设计]→[墙体]→[边线对齐]

本命令用来对齐墙边,并维持基线不变,边线偏移到给定的位置。换句话说,就是维持基线位置和总宽不变,通过修改左右宽度达到边线与给定位置对齐的目的。通常用于处理墙体与某些特定位置的对齐,特别是和柱子的边线对齐。墙体与柱子的关系并非都是中线对中线,要把墙边与柱边对齐,无非两个途径,直接用基线对齐柱边绘制,或者先不考虑对齐,而是快速地沿轴线绘制墙体,待绘制完毕后用本命令处理。后者可以把同一延长线方向上的多个墙段一次取齐,推荐使用。

(3)净距偏移

菜单位置:[建筑设计]→[墙体]→[净距偏移]

本命令功能类似 AutoCAD 的 Offset(偏移)命令,可以用于室内设计中,以测绘净距建立墙体平面图的场合,命令自动处理墙端交接,浩辰 CAD 暖通可处理由于多处净距偏移引起的墙体交叉。

选择"净距偏移"选项,弹出"净距偏移"对话框,如图 5.33 所示。

图 5.33 "净距偏移"对话框

可同原墙,选择偏移距离进行偏移,也可自定义新的墙参数进行偏移。

(4)墙柱保温

菜单位置:[建筑设计]→[墙体]→[墙柱保温]

本命令可在图中已有的墙段或柱上加入或删除保温层线,遇到门,该线自动打断,遇到窗自动把窗厚度增加。选择"墙柱保温"选项,弹出"墙柱保温"对话框,如图 5.34 所示。

图 5.34 "墙柱保温"对话框

根据设计需要,可选择保温模式及保温层厚。

(5)墙体造型

菜单位置:[建筑设计]→[墙体]→[墙体造型]

本命令根据指定多段线外框生成与墙关联的造型,常见的墙体造型是墙垛、壁炉、烟道等与墙砌筑在一起,平面图与墙连通的建筑构造,墙体造型的高度与其关联的墙高一致,但是可以双击加以修改。墙体造型可以用于墙体端部(墙角或墙柱连接处),包括跨过两个墙体端部的情况,除了正常的外凸造型外还提供了向内开洞的"内凹造型"(仅用于平面)。选择"墙体造型"选项,弹出"墙体造型"对话框,如图 5.35 所示。

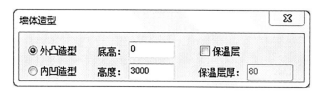

图 5.35 "墙体造型"对话框

2.墙体工具

(1)改墙厚

单段修改墙厚使用"对象编辑"即可,本命令按照墙基线居中的规则批量修改多段墙体的厚度,但不适合修改偏心墙。

选择"改墙厚"指令后,根据提示,选择墙体,更改墙宽即可完成改墙厚指令。

(2)改外墙厚

用于整体修改外墙厚度,执行本命令前应事先识别外墙,否则无法找到外墙进行处理。

(3)改高度

本命令可对选中的柱、墙体及其造型的高度和底标高成批进行修改,是调整这些构件竖向位置的主要手段。修改底标高时,门窗底的标高可以和柱、墙联动修改。

(4)改外墙高

本命令与"改高度"命令类似,只是仅对外墙有效。运行本命令前,应已作过内外墙的识别操作。

(5)平行生线

本命令类似 Offset 命令,生成一条与墙线(分侧)平行的曲线,也可以用于柱子,生成与柱子周边平行的一圈粉刷线。

(6)识别内外

本命令自动识别出外墙,同时可设置外墙特征。在加保温层命令中会使用到外墙特征,从而给外墙加保温层。

(7)加亮外墙

本命令可将当前图中所有外墙外皮用红色虚线亮显,方便了解哪些墙已经被系统识别为外墙,无显示表明未进行识别内外。

（8）填充开（关）

菜单位置：［建筑设计］→［墙体］→［填充开（关）］

本命令可以控制墙体与柱子的边线填充状态（需在通用设置→图形设置中设置墙体与柱子的填充图案）。

（9）加粗开（关）

菜单位置：［建筑设计］→［墙体］→［加粗开（关）］

本命令可以控制墙体与柱子的边线加粗状态（加粗与不加粗）。

（10）联动开（关）

菜单位置：［建筑设计］→［墙体］→［联动开（关）］

本命令可以控制墙体、柱子、窗等对象的智能联动特性（联动与不联动）。

三、门窗、楼梯及房间屋顶

（一）门窗

1.门窗

（1）打开方式

菜单位置：［建筑设计］→［门窗］→［门窗］

普通门、普通窗、弧窗、凸窗和矩形洞等的定位方式基本相同，因此用本命令即可创建这些门窗类型。选择"门窗"选项，弹出"门"对话框，如图 5.36 所示。

图 5.36　"门"对话框

可以根据设计需求填写各项参数，也可单击右侧预览图，选择其他种类门窗，如图 5.37 所示。

"门"对话框下有一工具栏，分隔条左边是定位模式图标，右边是门窗类型图标，如图 5.38 所示。

单击工具栏图标选择门窗类型以及定位模式后，即可按命令行提示进行交互插入门窗，自动编号功能可从编号列表中选择"自动编号"，会按洞口尺寸自动给出门窗编号。应注意，在弧墙上使用普通门窗插入时，如门窗的宽度大，弧墙的曲率半径小，这时插入失败，可改用弧窗类型。插入门窗后效果如图 5.39 所示。

（2）组合门窗

菜单位置：［建筑设计］→［门窗］→［组合门窗］

本命令不会直接插入一个组合门窗，而是把使用"门窗"命令插入的多个门窗组合为

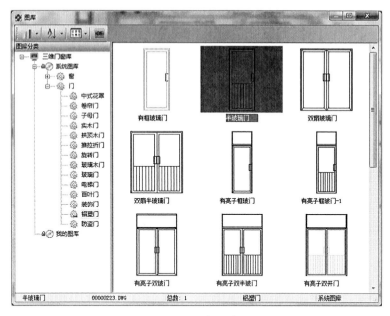

图 5.37　门图库

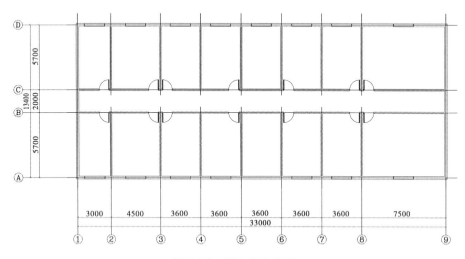

图 5.38　门窗工具栏

图 5.39　插入门窗效果

一个整体的"组合门窗",组合后的门窗按一个门窗编号进行统计,在三维显示时子门窗之间不再有多余的面片;还可以使用构件入库命令把创建好的常用组合门窗存入构件库,使用时从构件库中直接选取。

（3）转角窗

菜单位置：［建筑设计］→［门窗］→［转角窗］

本命令创建窗台高与窗高相同，沿墙连续的带形窗对象，按一个门窗编号进行统计，带形窗转角可以被柱子、墙体造型遮挡；可以在单段墙体上绘制单段带形窗；可自定义轮廓或直接在墙角位置插入窗台高、窗高相同、长度可选的一个角凸窗对象，可输入一个门窗编号，并可设转角凸窗两侧窗为挡板，提供厚度参数。选择"转角窗"选项后，弹出"转角窗"对话框，如图 5.40 所示。

图 5.40　"转角窗"对话框

（4）异形洞

菜单位置：［建筑设计］→［门窗］→［异形洞］

本命令在直墙或弧墙面上按给定的闭合 PLINE 或 CIRCLE 轮廓线生成任意形状的洞口，平面图例与矩形洞相同。本命令可直接在平面图上进行，首先绘制轮廓线，选择轮廓线后，可设定参数，在平面图墙体上直接自由插入即可生成异形洞。"异形洞"对话框如图 5.41 所示。

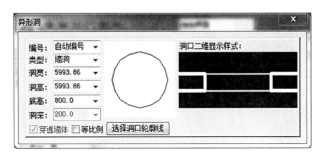

图 5.41　"异形洞"对话框

2.门窗编号及门窗表

（1）门窗编号

菜单位置：［建筑设计］→［门窗］→［门窗编号］

本命令用于生成或者修改门窗编号。

（2）门窗表

菜单位置：［建筑设计］→［门窗］→［门窗表］

本命令用于对门窗编号进行检查，可检查当前图中已插入的门窗数据是否合理，并可以即时调整图上指定门窗的尺寸。"门窗表"样式选择如图 5.42 所示，可从表格库中选择表格样式。

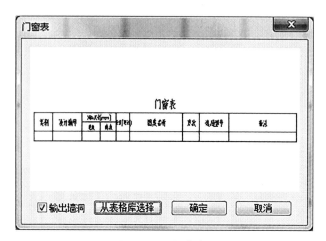

图 5.42　门窗表

插入门窗表,效果如图 5.43 所示。

门窗表

类别	设计编号	洞口尺寸(mm)		数量	图集名称	页次	适用型号	备注
		宽度	高度					
普通窗	C1815	1800	1500	15				
普通门	M0921	900	2100	14				

图 5.43　门窗表实际效果

进行门窗编号后的整体效果如图 5.44 所示。

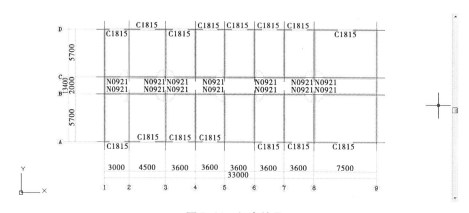

图 5.44　门窗编号

3.其他工具

(1)内外翻转

菜单位置:[建筑设计]→[门窗]→[内外翻转]

选择需要内外翻转的门窗,统一以墙中为轴线进行翻转,适用于一次处理多个门窗的情况,方向总是与原来相反。

(2)左右翻转

菜单位置:[建筑设计]→[门窗]→[左右翻转]

选择需要左右翻转的门窗,统一以门窗中垂线为轴线进行翻转,适用于一次处理多个门窗的情况,方向总是与原来相反。

(3)门窗套

菜单位置:[建筑设计]→[门窗]→[门窗套]

本命令在外墙窗或者门连窗两侧添加向外突出的墙垛,三维显示为四周加全门窗框套,其中可单击选项删除添加的门窗套。

"门窗套"对话框如图5.45所示。

图5.45　"门窗套"对话框

(4)门口线

菜单位置:[建筑设计]→[门窗]→[门口线]

本命令在平面图上指定的一个或多个门的某一侧添加门口线,表示门槛或者门两侧地面标高不同,门口线是门的对象属性之一,因此门口线会自动随门移动。

(二)楼梯

1.楼梯

(1)直线梯段

菜单位置:[建筑设计]→[楼梯其他]→[直线梯段]

本命令在对话框中输入梯段参数绘制直线梯段,可以单独使用或用于组合复杂楼梯与坡道,"添加扶手"命令可以为梯段添加扶手,对象编辑显示上下剖段后,添加的扶手能随之切断。选择"直线梯段"选项,弹出"直线梯段"对话框,如图5.46所示。

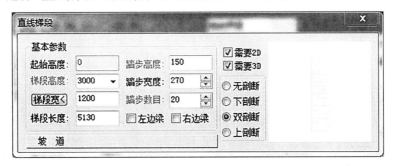

图5.46　"直线梯段"对话框

根据设计需求更改基本参数和楼梯类型,在图纸中指定插入楼梯位置,即可完成直线楼梯的绘制。

四种显示类型的"直线楼梯",如图 5.47 所示。

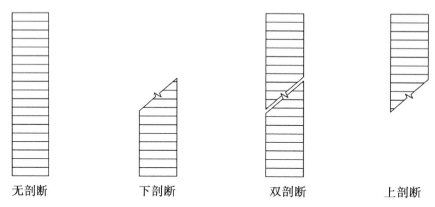

<table>
<tr><td>无剖断</td><td>下剖断</td><td>双剖断</td><td>上剖断</td></tr>
</table>

图 5.47　四种显示类型的直线楼梯

(2)圆弧梯段

菜单位置:[建筑设计]→[楼梯其他]→[圆弧梯段]

本命令创建单段弧线形梯段,适合单独的圆弧楼梯,也可与直线梯段组合创建复杂楼梯和坡道,如大堂的螺旋楼梯与入口的坡道。选择"圆弧梯段"选项,弹出"圆弧梯段"对话框,如图 5.48 所示。

图 5.48　"圆弧梯段"对话框

(3)双跑楼梯

菜单位置:[建筑设计]→[楼梯其他]→[双跑楼梯]

双跑楼梯是最常见的楼梯形式,由两跑直线梯段、一个休息平台、一个或两个扶手和一组或两组栏杆构成的自定义对象,具有二维视图和三维视图。双跑楼梯可分解为基本构件,即直线梯段、平板和扶手栏杆等,楼梯方向线属于楼梯对象的一部分,随着剖切位置改变自动更新位置和形式。双跑楼梯对象内包括常见的构件组合形式变化,如是否设置两侧扶手、中间扶手在平台是否连接、设置扶手伸出长度、有无梯段边梁(尺寸需要在特性栏中调整)、休息平台是半圆形或矩形等,尽量满足建筑的个性化要求。选择"双跑楼梯"选项,弹出"双跑楼梯"对话框,如图 5.49 所示。

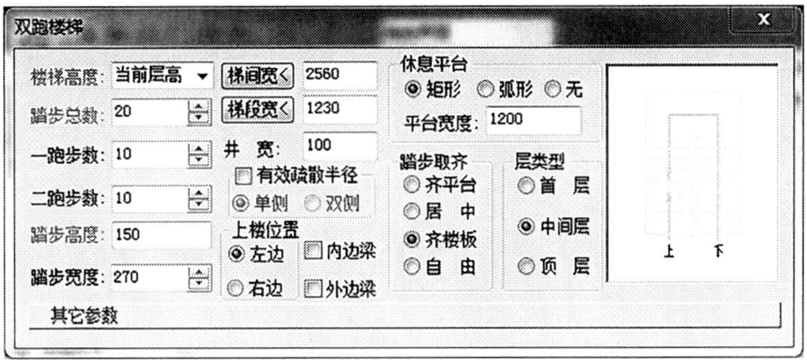

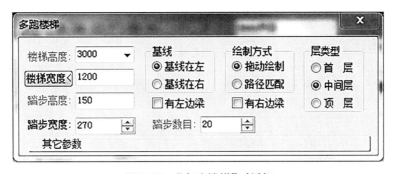

图 5.49　"双跑楼梯"对话框

（4）多跑楼梯

菜单位置:[建筑设计]→[楼梯其他]→[多跑楼梯]

本命令创建由梯段开始且以梯段结束、梯段和休息平台交替布置、各梯段方向自由的多跑楼梯,要点是先在对话框中确定"基线在左"或"基线在右"的绘制方向,在绘制梯段过程中能实时显示当前梯段步数、已绘制步数以及总步数,便于设计中决定梯段起止位置,绘图交互中的热键切换基线路径左右侧的命令选项,便于绘制休息平台间走向左右改变的 Z 形楼梯,对象内部增加了上楼方向线,可定义扶手的伸出长度,剖切位置可以根据剖切点的步数或高度设定,可定义有转折的休息平台。选择"多跑楼梯"选项,弹出"多跑楼梯"对话框,如图 5.50 所示。

图 5.50　"多跑楼梯"对话框

（5）剪刀楼梯

菜单位置:[建筑设计]→[楼梯其他]→[剪刀楼梯]

本命令在对话框中输入梯段参数绘制剪刀楼梯,考虑作为交通核内的防火楼梯使用,两跑之间需要绘制防火墙,因此本楼梯扶手和梯段各自独立,在首层和顶层楼梯有多种梯段排列可供选择。选择"剪刀楼梯"选项,弹出"剪刀楼梯"对话框,如图 5.51 所示。

（6）电梯

菜单位置:[建筑设计]→[楼梯其他]→[电梯]

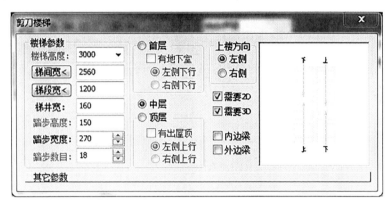

图 5.51 "剪刀楼梯"对话框

本命令创建的电梯图形包括轿厢、平衡块和电梯门,其中轿厢和平衡块是二维线对象,电梯门是门窗对象;绘制条件是每一个电梯周围已经由墙体创建了封闭房间作为电梯井,如要求电梯井贯通多个电梯,需要临时加虚墙分隔。电梯间一般为矩形,梯井道宽为开门侧墙长。电梯间绘制内容包括绘轿厢、平衡块和门。选择"电梯"选项,弹出"电梯"对话框,如图5.52所示。

图 5.52 "电梯"对话框

(7)自动扶梯

菜单位置:[建筑设计]→[楼梯其他]→[自动扶梯]

本命令在对话框中输入自动扶梯的类型和梯段参数绘制,可以用于单梯和双梯及其组合,在顶层还设有洞口选项,拖动夹点可以解决楼板开洞时扶梯局部隐藏的绘制。选择"自动扶梯"选项,弹出"自动扶梯"对话框,如图5.53所示。

图 5.53 "自动扶梯"对话框

（8）任意梯段

菜单位置：［建筑设计］→［楼梯其他］→［任意梯段］

本命令可以预先绘制的直线或弧线作为梯段两侧边界，在对话框中输入踏步参数，创建形状多变的梯段，除了两个边线为直线或弧线外，其余参数与直线梯段相同。

按照提示，分别选取左侧边线和右侧边线后，将弹出"任意梯段"对话框，如图5.54所示。

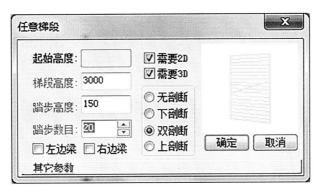

图5.54　"任意梯段"对话框

根据设计需求，更改相应的梯段即可完成自定义梯段。

2.扶手及其他

（1）添加扶手

菜单位置：［建筑设计］→［楼梯其他］→［添加扶手］

本命令以楼梯段或沿上楼方向的多段线路径为基线，生成楼梯扶手；本命令可自动识别楼梯段和台阶，但是不识别组合后的多跑楼梯与双跑楼梯。选择"添加扶手"选项，弹出"添加扶手"对话框，可对扶手的尺寸、形状以及对齐方式进行修改，如图5.55所示。

图5.55　添加扶手对话框

（2）连接扶手

菜单位置：［建筑设计］→［楼梯其他］→［连接扶手］

本命令把未连接的扶手彼此连接起来，如果准备连接的两段扶手的样式不同，连接后的样式以第一段为准；连接顺序要求是前一段扶手的末端连接下一段扶手的始端，梯段的扶手则按上行方向为正向，需要按从低到高的顺序选择扶手的连接，接头之间应留出空隙,不能相接和重叠。

(3)阳台

菜单位置:[建筑设计]→[楼梯其他]→[阳台]

本命令以几种预定样式绘制阳台,或选择预先绘制好的路径转成阳台,以任意绘制方式创建阳台;一层的阳台可以自动遮挡散水,阳台对象可以被柱子局部遮挡。选择"阳台"选项,弹出"阳台"对话框,如图5.56所示。

图 5.56 "阳台"对话框

(4)台阶

菜单位置:[建筑设计]→[楼梯其他]→[台阶]

本命令直接绘制矩形单面台阶、矩形三面台阶、阴角台阶、沿墙偏移等预定样式的台阶,或把预先绘制好的 PLINE 转成台阶、直接绘制平台创建台阶,如平台不能由本命令创建,应下降一个踏步高绘制下一级台阶作为平台;直台阶两侧需要单独补充"Line"线,画出二维边界;台阶可以自动遮挡之前绘制的散水。选择"台阶"选项,弹出"台阶"对话框,如图5.57所示。

图 5.57 "台阶"对话框

(5)坡道

菜单位置:[建筑设计]→[楼梯其他]→[坡道]

本命令通过参数构造单跑的入口坡道,多跑、曲边与圆弧坡道由各楼梯命令中"作为坡道"选项创建,坡道也可以遮挡之前绘制的散水。选择"坡道"选项,弹出"坡道"对话框,如图5.58所示。

图 5.58 "坡道"对话框

（6）散水

菜单位置：［建筑设计］→［楼梯其他］→［散水］

本命令通过自动搜索外墙线绘制散水对象，可自动被凸窗、柱子等对象裁剪，也可以通过勾选复选框或者对象编辑，使散水绕壁柱、绕落地阳台生成；阳台、台阶、坡道、柱子等对象自动遮挡散水，位置移动后遮挡自动更新。选择"散水"选项，弹出"散水"对话框，如图 5.59 所示。

图 5.59 "散水"对话框

（三）房间屋顶

1. 房间

（1）搜索房间

菜单位置：［建筑设计］→［房间屋顶］→［搜索房间］

本命令可用来批量搜索建立或更新已有的普通房间和建筑面积，建立房间信息并标注室内使用面积，标注位置自动置于房间的中心。如果编辑墙体改变了房间边界，房间信息不会自动更新，可以通过再次执行本命令更新房间或拖动边界夹点，和当前边界保持一致。当勾选"房间编号"时，会依照默认的排序方式对编号进行排序，编辑删除房间造成房间号不连续、重号或者编号顺序不理想，可用后面介绍的"房间排序"命令重新排序。选择"搜索房间"选项，弹出"搜索房间"对话框，如图 5.60 所示。

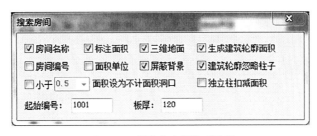

图 5.60 "搜索房间"对话框

搜索房间效果如图 5.61 所示。

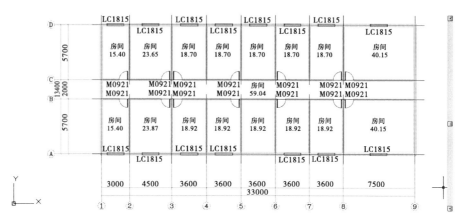

图 5.61　搜索房间效果

若搜索房间时勾选"房间编号"选项,效果如图 5.62 所示。

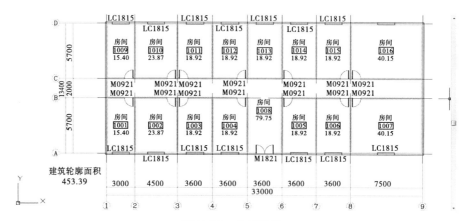

图 5.62　房间编号

（2）房间轮廓

菜单位置:［建筑设计］→［房间屋顶］→［房间轮廓］

房间轮廓线以封闭 PLINE 线表示,轮廓线可以用在其他用途,如把它转为地面或用来作为生成踢脚线等装饰线脚的边界。当光标移至房间内或建筑轮廓附近时,会有边界线提示,如图 5.63 所示。

（3）房间排序

菜单位置:［建筑设计］→［房间屋顶］→［房间排序］

本命令可以按某种排序方式对房间对象编号重新排序,参加排序的除了普通房间外,还包括公摊面积、洞口面积等对象,这些对象参与排序主要用于节能和暖通设计。

排序原则及说明如下:

①按照"Y 坐标优先;Y 坐标大,编号大;Y 坐标相等,比较 X 坐标,X 坐标大,编号大"的原则排序;

图 5.63　房间轮廓

②X、Y 的方向支持用户设置,相当于设置了 UCS;

③根据输入的房间编号,可分析判断编号规则,自动增加编号(图 5.64)。可处理的情况如下:

1001、1002、1003、…,01、02、03、…(全部为数字);

A001、A002、A003、…,1−1、1−2、1−3、…(固定字符串加数字);

1001a、1002a、1003a、…,1−A、2−A、3−A、…(数字加固定字符串)。

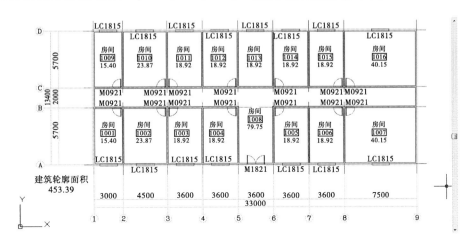

图 5.64　房间自动排序

(4)查询面积

菜单位置:[建筑设计]→[房间屋顶]→[查询面积]

动态查询由浩辰墙体组成的房间使用面积、套内阳台面积以及闭合多段线面积、即时创建面积对象标注在图上,光标在房间内时显示的是使用面积,系统会自动显示轮廓边界,"查询面积"对话框如图 5.65 所示。

图 5.65 "查询面积"对话框

注意:本命令获得的建筑面积不包括墙垛和柱子凸出部分。

(5)套内面积

菜单位置:[建筑设计]→[房间屋顶]→[套内面积]

本命令用于计算住宅单元的套内面积,并创建套内面积的房间对象。按照房产测量规范的要求,自动计算分户单元墙中线计算的套内面积,选择时注意仅仅选取本套套型内的房间面积对象(名称),而不要把其他房间面积对象(名称)包括进去,本命令获得的套内面积不含阳台面积。

(6)面积计算

菜单位置:[建筑设计]→[房间屋顶]→[面积计算]

本命令用于统计"查询面积"或"套内面积"等命令获得的房间使用面积、阳台面积、建筑面积等,用于不能直接测量到所需面积的情况,取面积对象或者标注数字均可。

面积精度的说明:当取图上面积对象和运算时,命令会取得该对象的面积不加精度折减,在单击"标在图上<"对面积进行标注时,按设置的面积精度位数进行处理。

"面积计算"对话框像一个计算器界面,如图 5.66 所示。

图 5.66 "面积计算"对话框

2.屋顶

（1）搜屋顶线

菜单位置：［建筑设计］→［房间屋顶］→［搜屋顶线］

本命令搜索整栋建筑物的所有墙线,按外墙的外皮边界生成屋顶平面轮廓线。如图5.67中虚线所示,即为生成的屋顶线。

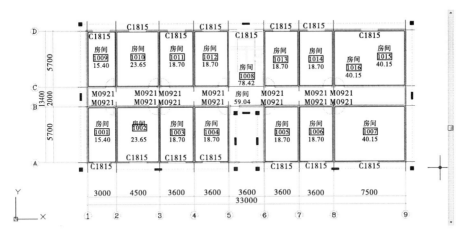

图5.67　生成屋顶线

（2）房间屋顶

①矩形屋顶。

菜单位置：［建筑设计］→［房间屋顶］→［矩形屋顶］

本命令提供一个能绘制歇山屋顶、四坡屋顶、人字屋顶和攒尖屋顶的新屋顶命令。各屋顶需设置的参数如图5.68所示。

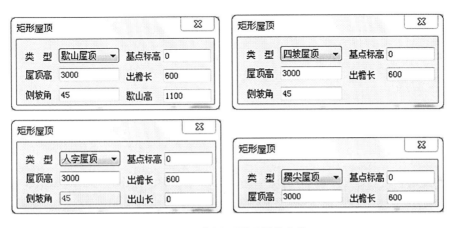

图5.68　各屋顶需设置的参数

②任意屋顶。

菜单位置:[建筑设计]→[房间屋顶]→[任意屋顶]

本命令由封闭的任意形状 PLINE 线生成指定坡度的坡形屋顶。

③人字屋顶。

菜单位置:[建筑设计]→[房间屋顶]→[人字坡顶]

本命令以闭合的 PLINE 为屋顶边界生成人字坡屋顶和单坡屋顶。

④攒尖屋顶。

菜单位置:[建筑设计]→[房间屋顶]→[攒尖屋顶]

本命令提供了构造攒尖屋顶的三维模型。

⑤加老虎窗。

菜单位置:[建筑设计]→[房间屋顶]→[加老虎窗]

本命令在三维屋顶生成多种老虎窗形式。

"加老虎窗"对话框如图 5.69 所示。

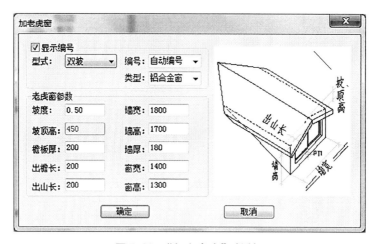

图 5.69 "加老虎窗"对话框

任务实施

以图 5.70 为例,绘制某办公楼建筑平面图。

一、轴网

轴网间距,从左到右依次为 7 500 mm、3 600 mm、3 600 mm、3 600 mm、3 600 mm、3 600 mm、7 500 mm;从下到上依次为 5 700 mm、2 000 mm、5 700 mm。根据实际,修剪多余轴网,以便进行"轴网生墙",并进行轴网标注。

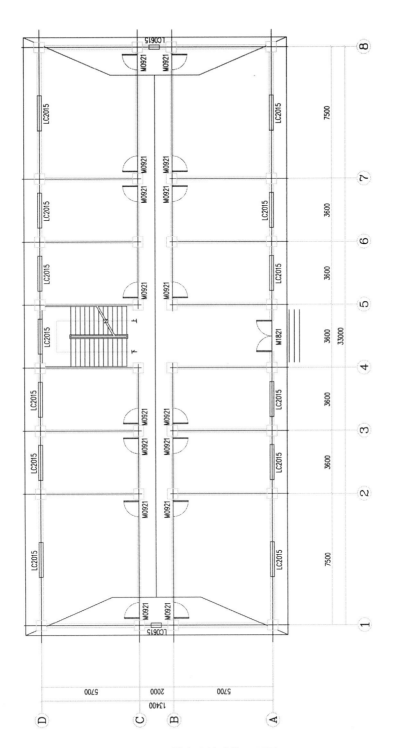

图 5.70　某办公楼建筑平面图

二、墙体

可沿轴网绘制墙体,也可直接使用"轴网生墙"功能生成墙体。要求:外墙高度3 300 mm,底高 0 mm,用途一般墙,材料普通砖,左宽 120 mm,右宽 120 mm;内墙高度3 300 mm,底高 0 mm,用途一般墙,材料普通砖,左宽 80 mm,右宽 80 mm。

三、柱子

选择合适位置,放置材料为钢筋混凝土的矩形柱子,标高为 0 mm,柱子尺寸为600 mm×600 mm。

四、门窗

每个单独的房间均需要至少一个门,一个窗。要求门靠近墙的位置放置,向内打开;窗沿各房间中心放置,参数自由设置,合理即可,并需要对门窗进行编号,生成门窗材料表,插入图纸中。

五、楼梯、屋顶

选择合适样式、合理规格的楼梯及屋顶放置在合适的位置。

六、任务评价

姓名			学号			组别		
班级			日期			组长签字		
类别	项目	考核内容	自评	小组评	教师评	总分	评分标准	
理论	基础知识（100分）	知道如何设置轴网并对轴网进行标注（25分）						
		掌握墙体的绘制方法和技巧（25分）						
		掌握门、窗、楼梯布置的方法和技巧（25分）						
		能够对门、窗进行编号（25分）						
技能	技能目标（60分）	轴网绘制方法正确（15分）						
		墙体绘制方法正确（15分）						
		门、窗、楼梯等正确布置（15分）						
		轴网编号、门窗编号设置正确（15分）						
	任务完成质量（30分）	掌握熟练程度（10分）						
		准确及规范度（10分）						
		工作效率或完成任务速度（10分）						
	职业素养（10分）	遵守操作规范,养成良好的制图习惯;尊重他人劳动,不窃取他人成果;遵守课堂秩序;严格执行上机操作秩序规定（10分）						

任务二 负荷计算

负荷：为使室内温湿度维持在规定水准上而须从室内排出的热量。它与得热量有时相等，有时则不等。建筑物结构的蓄热特性决定了冷负荷与得热量之间的关系。

冷、热负荷：空调负荷为保持建筑物的热湿环境，在某一时刻需向房间供应的冷量称为冷负荷。相反，为了补偿房间失热量需向房间供应的热量称为热负荷。

通常，设计一个工程都是从负荷计算开始的。各个专业相互提供资料后，需要分析汇总并录入大量的数据才能进行计算；而浩辰 CAD 暖通负荷计算倡导的理念就是计算参数的零输入，软件可以读取天正建筑 5.0 及以上版本的建筑图信息，可以识别墙、门窗的面积等，而且冷热负荷可以同时计算，围护结构与非围护结构可以同时计算（图 5.71）。

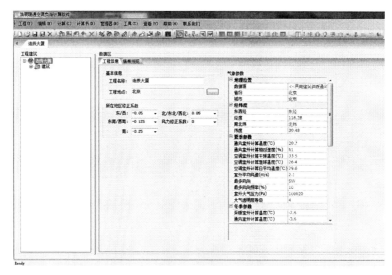

图 5.71 负荷计算页面

负荷计算部分只需要三步：识别内外墙、房间自动编号、读取建筑底图，即生成结果。对于平时要花费大量时间进行的工作，软件几分钟就可以实现，而且软件是完全开放的，房间、负荷对象、围护结构，甚至气象资料都可以根据设计要求实时修改并保存，方便下次直接调用，同时强大的编辑功能可以实现随时修改并保证计算结果实时更新。

🖑 **知识链接**

一、工程文件及编辑

（一）工程文件

1. 新建

菜单：[工程]→[新建]

　　负荷计算默认的工程名称为"浩辰大厦",可随意修改该名称,另外,负荷计算支持多工程同时计算,可通过"新建"命令添加"新工程"。也可更改工程地点,气象参数会自动修正。图5.72为"工程信息"对话框,"气象参数管理器"对话框见图5.73。

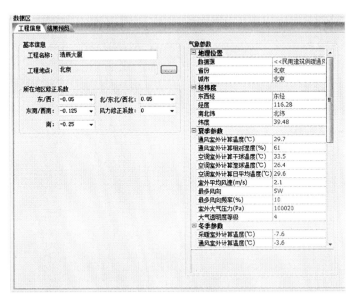

图5.72　"工程信息"对话框

图5.73　"气象参数管理器"对话框

2.打开

菜单:[工程]→[打开]

可以通过该功能打开已保存的计算文件。

3.保存

菜单:[工程]→[保存]

可以通过该功能将当前正在进行的负荷计算保存成".chml"格式的数据文件,方便以后直接读取。

4.另存为

菜单:[工程]→[另存为]

把当前负荷工程文件另存为一个工程文件。

5.关闭

菜单:[工程]→[关闭]

关闭当前负荷工程文件。

6.退出

菜单:[工程]→[退出]

退出浩辰暖通空调负荷计算软件。

(二)编辑

1.批量修改

菜单:[编辑]→[批量修改]

批量修改房间参数和负荷对象参数。执行此命令,弹出"批量修改"对话框,如图5.74(a)所示。

可修改的条件如图5.74(b)所示,例如房间参数、外墙、外窗、外门、人体、照明等。

图5.74 "批量修改"对话框

2．批量添加负荷对象

菜单：［编辑］→［批量添加负荷对象］

向房间里批量添加负荷对象。执行此命令，弹出如图 5.75 所示对话框。

图 5.75　"批量添加负荷对象"对话框

此功能操作方式类似"批量修改"功能。

3．批量删除负荷对象

菜单：［编辑］→［批量删除负荷对象］

批量删除当前工程的负荷对象。执行此命令，弹出如图 5.76 所示对话框。

此功能操作方式类似"批量修改"功能。

4．批量删除房间

菜单：［编辑］→［批量删除房间］

批量删除当前工程的房间。执行此命令，弹出如图 5.77 所示对话框。

删除完后，会自动更新当前界面信息和主界面信息。

5．房间复制

菜单：［编辑］→［房间复制］

选中一个源房间，再选中一个或者多个目标房间进行复制操作。执行此命令，弹出如图 5.78 所示对话框。

图 5.76 "批量删除负荷对象"对话框

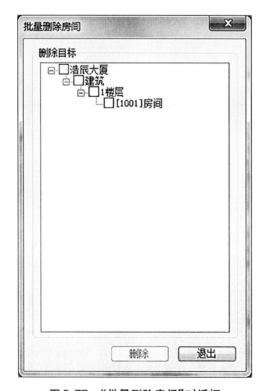

图 5.77 "批量删除房间"对话框

图5.78　"房间复制"对话框

"完全复制"是指将源房间完全复制到目标房间中。

"镜像复制"是指将源房间的外围护结构(外墙、外窗和外门)按照"镜像轴"镜像复制到目标房间中,其他负荷对象完全复制到目标房间。例如:"南外墙"按"东—西"轴镜像复制到目标房间后成"北外墙"。

"旋转复制"是指将源房间的外围护结构(外墙、外窗和外门)按照旋转角度值复制到目标房间中,其他负荷对象完全复制到目标房间。例如:"南外墙"按"45°"旋转复制到目标房间后成"东南外墙"。

"保持被复制房间名称不变"是指目标房间名称保持原有名称,否则目标房间名称将与源房间名称一样。

"保持被复制房间高度不变"是指目标房间名称保持原有房间高度,否则目标房间的房间高度与源房间的房间高度一样。

6. 户型复制

菜单:[编辑]→[户型复制]

选中一个源户型,再选中一个或者多个目标户型进行复制操作。操作方式类似"房间复制"功能。

7. 楼层复制

菜单:[编辑]→[楼层复制]

选中一个源楼层,再选中一个或者多个目标楼层进行复制操作。执行此命令,操作方式类似"房间复制"功能。

8.建筑复制

菜单:[编辑]→[建筑复制]

选中一个源建筑,再选中一个或者多个目标建筑进行复制操作。执行此命令,操作方式类似"房间复制"功能。

二、计算及各类工具的使用

(一)计算方式及计算书

1.计算方式

(1)冷热负荷

菜单:[计算]→[计算方法]→[冷热负荷]

选择冷热负荷后,冷负荷参数和热负荷参数都需输入,计算结果显示冷负荷和热负荷计算结果,如图 5.79 所示。

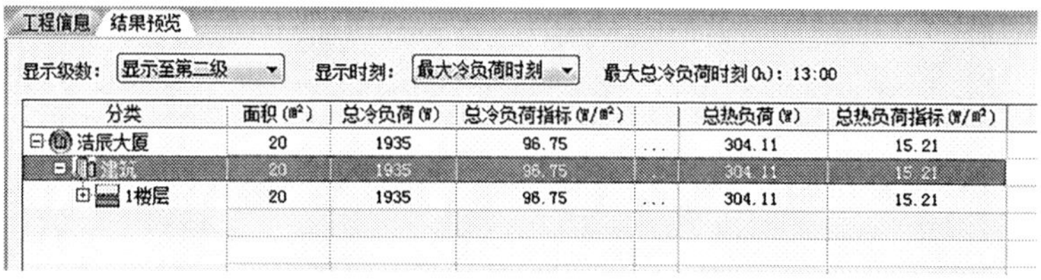

图 5.79　冷负荷和热负荷计算结果

(2)冷负荷

菜单:[计算]→[计算方法]→[冷负荷]

冷负荷参数输入,热负荷参数无须输入,软件会自动收缩热负荷参数项。计算结果界面只显示冷负荷计算结果,如图 5.80 所示。

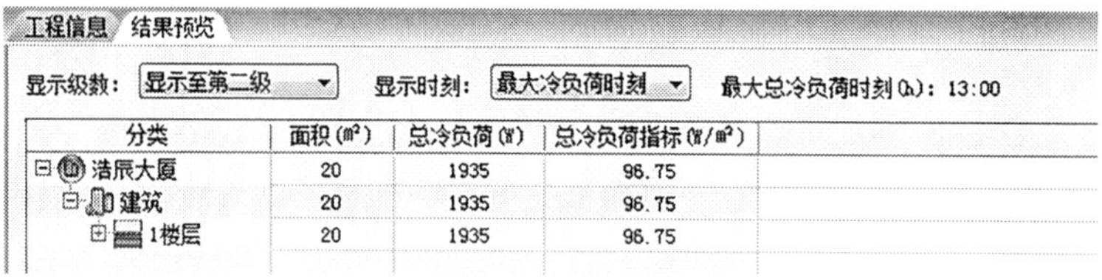

图 5.80　冷负荷计算结果

(3)热负荷

菜单:[计算]→[计算方法]→[热负荷]

热负荷参数输入,冷负荷参数无须输入,软件会自动收缩冷负荷参数项。计算结果界面只显示热负荷计算结果,如图 5.81 所示。

2.计算书

(1)Excel 计算书

菜单:[计算书]→[Excel 计算书]

输出 Excel 计算书,可以输出多种标准横向或纵向 A4 格式 Excel 计算书,无须调整

图 5.81　热负荷计算结果

格式即可直接进行打印操作。执行此命令,弹出如图 5.82 所示对话框。

图 5.82　"Excel 计算书"对话框

其中"高级设置"将对 Excel 计算书的详细内容进行设置,如图 5.83 所示。

(2)Word 计算书

菜单:[计算书]→[Word 计算书]

功能:输出 Word 计算书。

(二)管理器及工具

1.管理器

(1)气象参数管理器

菜单:[管理器]→[气象参数管理器]

气象参数管理器负责录入手册里最新气象参数。执行此命令,弹出如图 5.84 所示对话框。

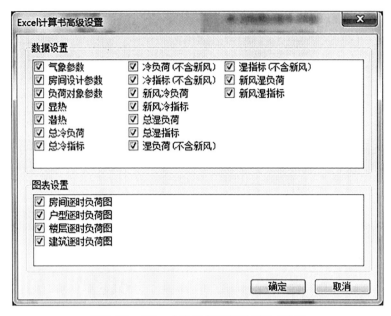

图 5.83　"Excel 计算书高级设置"对话框

图 5.84　"气象参数管理器"对话框

可添加、删除、修改被选中城市的气象参数。

（2）围护结构管理器

菜单:[管理器]→[围护结构管理器]

围护结构管理器负责录入常用围护结构。执行此命令,弹出如图5.85所示对话框。

图5.85 "围护结构管理器"对话框

（3）时间指派管理器

菜单:[管理器]→[时间指派管理器]

时间指派管理器负责管理时间指派(即时间使用率)。执行此命令,弹出如图5.86所示对话框。

图5.86 "时间指派管理器"对话框

（4）负荷对象模板管理器

菜单:［管理器］→［负荷对象模板管理器］

负荷对象模板管理器负责管理负荷对象模板。执行此命令,弹出如图5.87所示对话框。

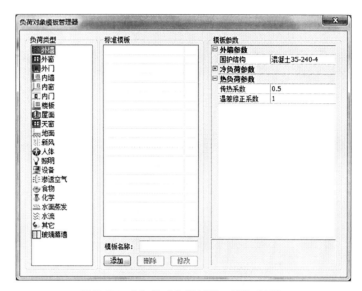

图5.87 "负荷对象模板管理器"对话框

（5）房间模板管理器

菜单:［管理器］→［房间模板管理器］

房间模板管理器负责房间模板管理。执行此命令,弹出如图5.88所示对话框。

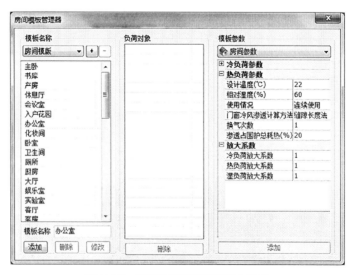

图5.88 "房间模板管理器"对话框

188

房间模板采用实时读取数技术,选中对象修改数据后,会自动读取,如图 5.89 所示。

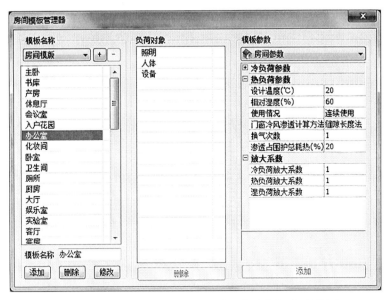

图 5.89 "房间模板管理器"对话框(修改数据自动读取)

2.工具

(1)指北针

菜单:[工具]→[指北针]

设置指北针角度值,用于图面交互操作。设置完指北针角度值,能正确读取墙体等外围护结构朝向。在进行图面交互操作前,需要设置指北针角度。执行此命令,弹出如图 5.90 所示对话框。

图 5.90 "指北针方向设置"对话框

(2)读取建筑平面图

菜单:[工具]→[读取建筑平面图]

读取建筑平面图可以自动读取天正和浩辰建筑软件绘制的平面图。执行此命令,弹出如图 5.91 所示对话框。

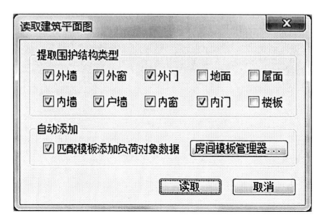

图5.91 "读取建筑平面图"对话框

（3）读取围护结构类型

对需要读取的对象，请勾选其复选框。

勾选"地面"，软件会在底层房间自动添加地面信息；

勾选"屋面"，软件会在顶层房间自动添加屋面信息；

勾选"楼板"，软件会在中间层房间自动添加楼板信息；

勾选"内墙"，软件会读取一般内墙、建筑平面图白色墙体；

勾选"户墙"，软件会读取户墙、建筑平面图黄色墙体。

（4）删除内墙

菜单：［工具］→［删除内墙］

根据条件删除不满足计算条件的内墙。该功能仅适用于识别智能建筑后操作。执行此命令，弹出如图5.92所示对话框。

图5.92 "删除内墙"对话框

（5）更新图纸

菜单:［工具］→［更新图纸］

负荷软件计算完后,把房间信息更新到图纸,方便下次读取数据和图纸交流,与"读取图纸"配套使用。

（6）读取图纸

菜单:［工具］→［读取图纸］

读取图纸里的房间编号数据,此数据是通过负荷计算完后,更新到图纸里的信息,与"更新图纸"配套使用。

（7）传热系数限值

菜单:［工具］→［传热系数限值］

管理传热系数限值,数据来源于国家规范,主要应用于外围护结构传热系数检查。执行此命令,弹出如图5.93所示对话框。

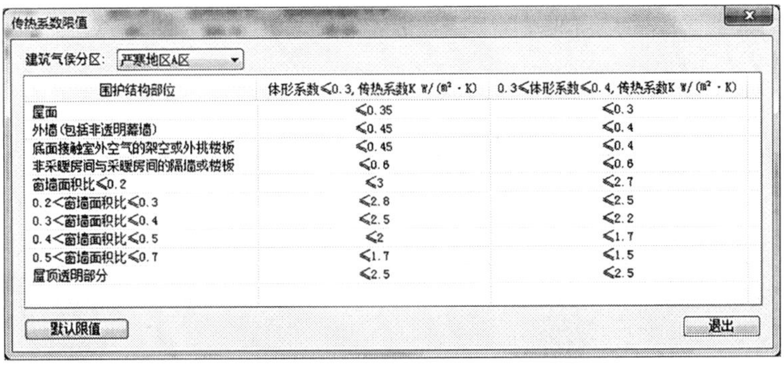

围护结构部位	体形系数≤0.3,传热系数K W/(㎡·K)	0.3＜体形系数≤0.4,传热系数K W/(㎡·K)
屋面	≤0.35	≤0.3
外墙(包括非透明幕墙)	≤0.45	≤0.4
底面接触室外空气的架空或外挑楼板	≤0.45	≤0.4
非采暖房间与采暖房间的隔墙或楼板	≤0.6	≤0.6
窗墙面积比≤0.2	≤3	≤2.7
0.2＜窗墙面积比≤0.3	≤2.8	≤2.5
0.3＜窗墙面积比≤0.4	≤2.5	≤2.2
0.4＜窗墙面积比≤0.5	≤2	≤1.7
0.5＜窗墙面积比≤0.7	≤1.7	≤1.5
屋顶透明部分	≤2.5	≤2.5

建筑气候分区:严寒地区A区
默认限值　　退出

图5.93　"传热系数限值"对话框

双击数据区,可以对限值进行修改。

（8）指标检查

菜单:［工具］→［指标检查］

外围护结构传热系数检查,数据在限值有效区域内为合格,否则为不合格,此时需调整外围结构的围护结构参数。执行此命令,软件进行自动计算并显示计算结果,弹出如图5.94所示对话框。

（9）系统分区

菜单:［工具］→［系统分区］

（10）系统选项

菜单:［工具］→［系统选项］

执行此命令,弹出如图5.95所示对话框。

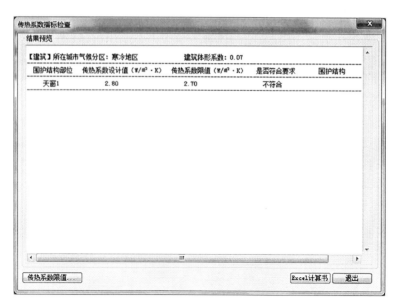

图 5.94 "传热系数指标检查"对话框

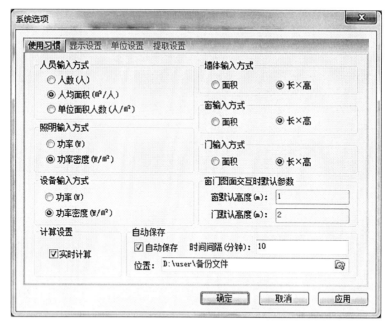

图 5.95 "系统选项"对话框

任务实施

一、建筑底图设置

1. 内外墙识别

使用"识别内外"功能对建筑内外墙进行识别,框选图纸,见图5.96。

2. 对房间进行编号

使用"自动布置"进行房间编号的布置,选择房间的起始编号,编号增量及对某些特定号码不进行编号等设置;选择编号排序方式等信息,框选图纸,编号就自动生成。编号的信息内容可在"编号设置"中进行设置(图5.97)。

具体效果如图5.98所示,按照设置体现房间编号、房间名称、房间面积、总冷负荷、总热负荷。注意,此时还未进行负荷计算,因此总冷负荷和总热负荷均为零。

二、负荷计算

1. 信息提取

进入"负荷计算"功能界面,设定工程相关信息,如所在地区朝向和风力修正系数等;使用"工具"→"读取建筑图"功能,软件自动读取建筑图中房间的围护结构等信息,房间信息的计算结果同时生成,包括每个房间每个负荷对象的计算。如果房间分布无规律或底图类型为非新实体图纸,使用"手动布置"功能布置编号,可提取图中已有的房间名称标注文字。如图5.99所示,房间信息已自动提取。图5.100为房间信息提取结果。

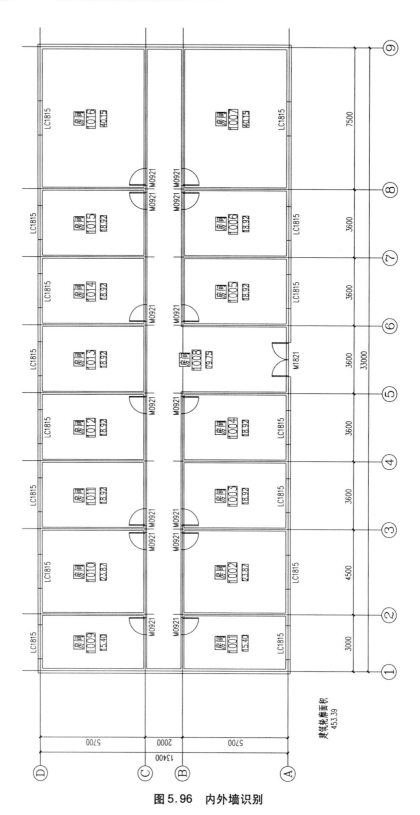

图 5.96　内外墙识别

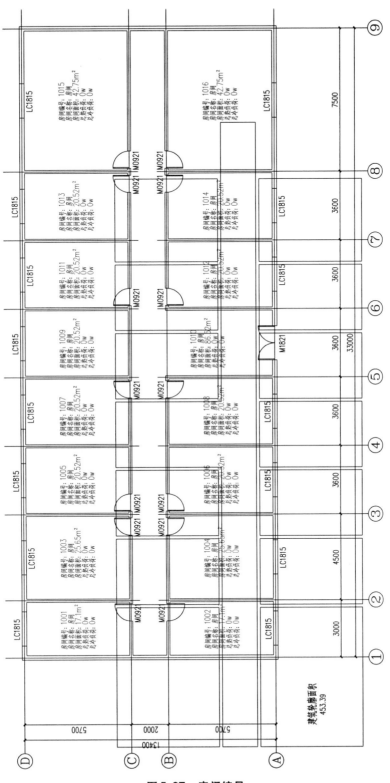

图 5.97　房间编号

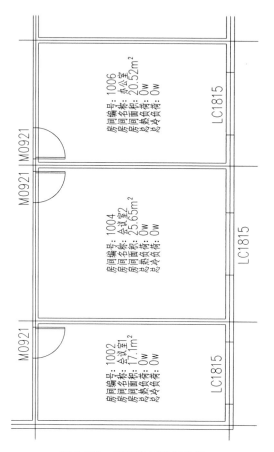

图5.98 房间编号详细参数

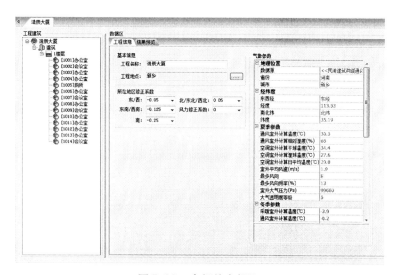

图5.99 房间信息提取

数据区

结果预览

显示级数：显示至第二级 ▼ | 显示时刻：最大冷负荷时刻 ▼ | 最大总冷负荷时刻(h)：15:00

分类	面积(㎡)	总冷负荷(W)	总冷负荷指标(W/㎡)		总热负荷(W)	总热负荷指标(W/㎡)
⊟🏠 1楼层	335.16	27026.64	80.64		19460.7	58.06
⊞🏠 [1001]办公室	17.1	1496.51	87.52	..	1125.18	65.8
⊞🏠 [1002]会议室	25.65	2158.96	84.17	..	1475.81	57.54
⊞🏠 [1003]办公室	20.52	1745.09	85.04	..	1371.32	66.83
⊞🏠 [1004]办公室	20.52	1745.09	85.04	..	1577.96	76.9
⊞🏠 [1005]厕所	20.52	754.41	36.76	..	1313.87	64.03
⊞🏠 [1006]办公室	20.52	1745.09	85.04	..	1164.69	56.76
⊞🏠 [1007]会议室	42.75	3143.89	73.54	..	1918.63	44.88
⊞🏠 [1008]办公室	17.1	1565.98	91.58	..	1036.3	60.6
⊞🏠 [1009]会议室	25.65	2230.08	86.94	..	1388.37	54.13
⊞🏠 [1010]办公室	20.52	1815.22	88.46	..	1275.98	82.18
⊞🏠 [1011]办公室	20.52	1800.72	87.75	..	1366.14	66.58
⊞🏠 [1012]办公室	20.52	1792.06	87.33	..	1366.14	66.58
⊞🏠 [1013]办公室	20.52	1815.22	88.46	..	1275.98	82.18
⊞🏠 [1014]会议室	42.75	3218.31	75.46	..	1804.33	42.21

图 5.100 房间信息提取结果预览

2.更新图纸

使用"工具"→"更新图纸"功能,可将负荷计算结果赋回图纸并在房间编号中显示计算结果数据,效果如图 5.101 所示。

3.其他信息设置

软件计算建筑图的围护结构信息,我们也可根据实际情况调整相关信息的设置。

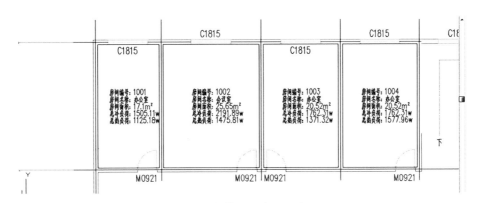

图 5.101 负荷结果在图纸中显示

三、结果输出

计算结果可在界面表格预览,还用多种形式的负荷图表结构预览;使用"计算书"可输出多种类型的 Excel 表格结果和 Word 计算书,如图 5.102 所示。

图5.102　输出冷负荷计算书

　　计算书包括项目概况、建筑信息、计算依据、详细的计算结果等,在计算书的建筑信息规定指标检查项目中红色字迹的部分,为建筑信息不满足标准要求的项目。这也是完全符合规范要求的,使用"指标检查"功能可以对错误进行分析检查。在生成计算书之前就可以对指标进行检查;对于不符合要求的维护结构执行"批量修改",选择整个建筑,选择一个符合节能标准的围护结构,勾选修改即可;对于修改后的结果,指标检查可通过规范要求。

四、任务评价

姓名			学号			组别		
班级			日期			组长 签字		
类别	项目	考核内容	自评	小组评	教师评	总分	评分标准	
理论	基础知识 (100 分)	识别内外功能的作用 (25 分)						
		房间编号的生成及房间 信息提取(25 分)						
		更新图纸及其他信息设 置(25 分)						
		输出 Excel 计算书(25 分)						
技能	技能目标 (60 分)	建筑图处理正确(15 分)						
		房间编号设置正确(15 分)						
		室内负荷参数调整正确 (15 分)						
		正确输出 Excel 计算书 (15 分)						
	任务完成质 量(30 分)	掌握熟练程度(10 分)						
		准确及规范度(10 分)						
		工作效率或完成任务速 度(10 分)						
	职业素养 (10 分)	遵守操作规范,养成良 好的制图习惯;尊重他 人劳动,不窃取他人成 果;遵守课堂秩序;严格 执行上机操作秩序规定 (10 分)						

项目小结

1. 绘制轴网功能用于生成建筑轴网,包括直线轴网、斜交轴网、圆弧轴网。

2. 可用墙体命令绘制平面草图,然后生成轴网。

3. 插入柱子的基准方向总是沿着当前坐标系的方向,如果当前坐标系是 UCS,柱子的基准方向自动按 UCS 的 X 轴方向,不必另行设置。

4. 等分加墙功能用于在已有的大房间按等分的原则划分出多个小房间。

5. 墙体分段功能可选择六种方式进行墙体分段,分别为:任意点处打断墙体、两点打断墙体、区域内交点打断墙体、柱子打断墙体、门窗打断墙体、交点处打断墙体。

6. 倒墙角功能与圆角(Fillet)命令相似,专门用于处理两段不平行的墙体的端头交角,使两段墙体以指定圆角半径进行连接,圆角半径按墙中线计算。当圆角半径不为零时,两段墙体的类型、总宽和左右宽(两段墙偏心)必须相同,否则不进行倒角操作;当圆角半径为零时,自动延长两段墙体进行连接,此时两段墙体的厚度和材料可以不同,当参与倒角的两段墙平行时,系统自动以墙间距为直径加弧墙连接。

7. 门窗表功能用于对门窗编号进行检查,可检查当前图中已插入的门窗数据是否合理,并即时调整图上指定门窗的尺寸。

8. 搜索房间功能用来批量搜索建立或更新已有的普通房间和建筑面积,建立房间信息并标注室内使用面积,标注位置自动置于房间的中心。

9. 负荷计算默认的工程名称可随意修改,另外,负荷计算支持多工程同时计算,可通过"新建"命令添加"新工程"。也可更改工程地点,气象参数会自动修正。

10. 设置指北针角度值,用于图面交互操作。设置完指北针角度值,能正确读取墙体等外围护结构朝向。在进行图面交互操作前,需要设置指北针角度。

项目测评

参考图 5.103 某户型图,按相应尺寸完成建筑设计、负荷计算。

具体要求如下:

(1)轴网间距如图所示,需要进行轴网标注;

(2)按照下图,裁剪轴网,并进行单线变墙,墙体厚度要求:外墙宽 200 mm,外墙外侧宽 100 mm,外墙内侧宽 100 mm,内墙宽 50 mm,墙高 3 600 mm;

(3)插入门、窗、楼梯;

(4)搜索房间→识别内外→自动布置,修改每个房间的名称;

(5)负荷计算,最终图纸需体现冷热负荷参数。

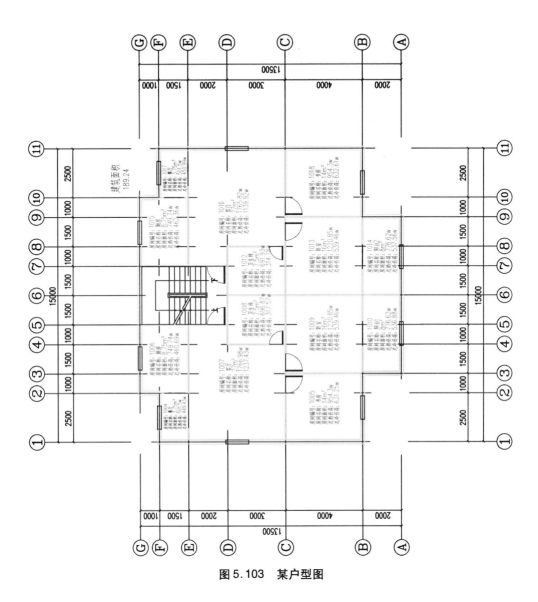

图 5.103　某户型图

学习目标

知识目标

了解不同种类的采暖方式及特点。

技能目标

能够完成垂直采暖的平面图绘制和系统图绘制；
能够完成分户计量的平面图绘制和系统图绘制；
能够完成地板采暖的平面图绘制。

情感目标

增强学生对采暖系统设计的责任感，使学生在绘制过程中体会到为人们创造舒适环境的使命感。

任务一　垂直采暖图样的绘制

知识链接

一、概述

垂直采暖，首先要进行散热器的布置，软件提供多种布置方式，在窗中布置散热器，只需框选一下窗户，指定一下散热器的位置，即可一次布置多个散热器。然后进行立管的布置，在布置立管的同时还可以自动对立管进行编号。软件提供了多种布置立管的方式，现在由散热器引出，只需框选散热器，指定立管的位置，即可快速地实现一次布置多根立管，同时支管也生成了。最后，进行干管的布置，如绘制一个上供下回式的采暖系统，那么在一层绘制回水干管，进行干管和立管的自动连接，只需框选一下平面即可实现。一层布置完成之后,用同样的办法对二层及三层进行布置,三层只需绘制供水干管。

平面图绘制完成之后,软件就可以自动生成系统图。楼层列表中,添加楼层信息,然后分别框选绘制好的平面图,就可以预览系统图。此时,也可以在此进行接管形式、散热器形式的替换,或者进行阀门的插入,双击图标打开阀门库进行选择,插入时可以自动转角及自动打断。阀门库是完全开放的,可以根据需要添加自定义的阀门,比如在此添加分类名称,保存图形,下次直接调用就可以了。在平面图的基础上可以生成系统图,还可以进行水力计算。

垂直采暖在传统采暖模块中,可进行垂直单管系统与垂直双管系统的平面图、系统图绘制,水力计算,以及计算书的编写。垂直单管、垂直双管的水力计算能够支持上供下回和下供上回两种系统。

二、设置

(一)系统设置

见图6.1,其功能为设置垂直采暖系统名称、管线代号。一般"供水"代号采用拼音首字母"GS","回水"代号采用拼音首字母"HS"。

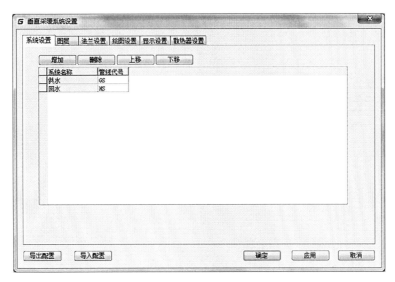

图6.1 "垂直采暖系统设置"对话框"系统设置"选项卡

(二)图层

见图6.2,其功能为设置垂直采暖系统下各类管线、标注等图层名称、颜色、线型等信息。

图6.2　"垂直采暖系统设置"对话框"图层"选项卡

(三)绘图设置

见图6.3,其功能为设置图形元素的显示形式,如管线形式、标注文字等。

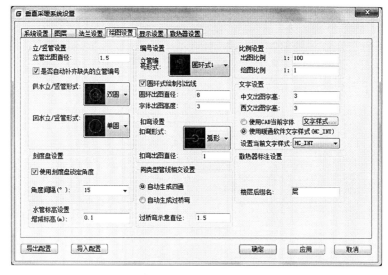

图6.3　"垂直采暖系统设置"对话框"绘图设置"选项卡

(四)显示设置

见图6.4,其功能为控制图形中变径样式、自动打断及打断间隙等。

图6.4 "垂直采暖系统设置"对话框"显示设置"选项卡

(五)散热器设置

见图6.5,其功能为控制各种采暖形式下的散热器默认连接形式。

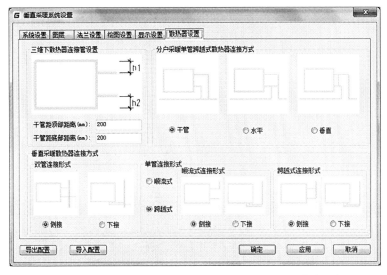

图6.5 "垂直采暖系统设置"对话框"散热器设置"选项卡

三、散热器及管道阀门设置

(一)散热器参数信息设置及平面图的设置

"散热器绘制"对话框如图6.6所示。

图6.6 "散热器绘制"对话框

1.简单设置

其中"简单设置"部分,我们可对散热器的平面图形式进行选取,可以设置散热器外形尺寸,包括长、宽、距墙壁或窗内侧的距离以及标高,均为实际尺寸。提供三种散热器的布置方式:任意布置、窗中布置和沿墙布置。我们可以根据需要,选择是否自动布置立管编号,在布置过程中,可以手动更换编号的数字。

2.三种布置方式

任意布置:根据提示指定散热器位置,输入"Z"可以将散热器旋转90°,输入"S"可以旋转任意角度,调整好后可以布置;若是选取了布置编号,可以逐个编号,或键入"A",集体进行编号。

窗中布置:点选或框选窗户,根据提示指定窗内侧,键入"R"可以对散热器换向,键入"S"可以逐个选择方向。

沿墙布置:选取所沿的墙体线,输入"R"可以对散热器换向,散热器会由鼠标的拖动而移动,到适当位置即可定位。

3.详细设置

"详细设置"部分,可以确定散热器的类型,常用散热器类型可以在下拉框中选取,可调整散热器接管长度和节点间距,可以按房间的计算负荷选择散热器的负荷。可以通过类型管理器对常用类型进行编辑,点击"类型管理"按钮,弹出"常用散热器管理"对话框,如图6.7所示。图中左边栏显示常用散热器类型,右边栏显示散热器类型。

图6.7　"常用散热器管理"对话框

点击"散热器管理器",弹出对话框,如图6.8所示。

图6.8　"散热器管理器"对话框

我们可以根据实际情况,添加散热器,点击"添加"按钮,输入散热器的参数,点"添加"按钮即完成。弹出对话框如图6.9所示。

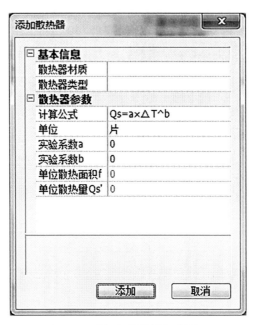

图6.9 "添加散热器"对话框

(二)管道布置

1. 立管布置

"立管布置"对话框见图6.10。

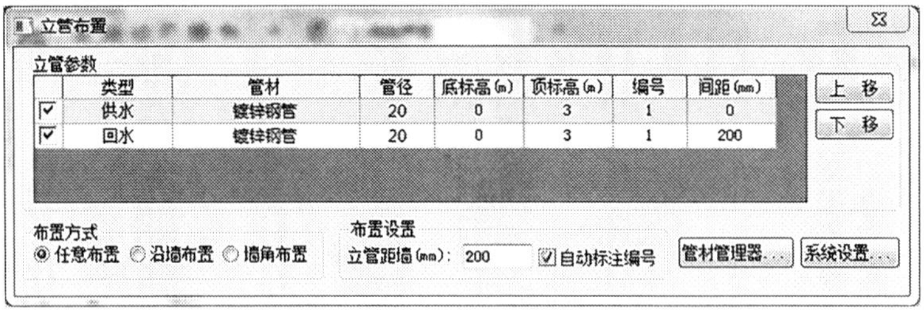

	类型	管材	管径	底标高(m)	顶标高(m)	编号	间距(mm)
☑	供水	镀锌钢管	20	0	3	1	0
☑	回水	镀锌钢管	20	0	3	1	200

布置方式 ◉任意布置 ○沿墙布置 ○墙角布置
布置设置 立管距墙(mm):200 ☑自动标注编号 管材管理器... 系统设置...
上 移 下 移

图6.10 "立管布置"对话框

在"立管布置"对话框中,不仅可以输入立管参数,还可以输入平面图中立管布置的间距值,设置距墙间距,选择是否自动标注立管编号。有三种立管的布置方式可供选择:"任意布置""沿墙布置""墙角布置",如是软件下拉选项没有的管材,可通过管材管径管理器进行编辑。单击对话框右下角"管材管径管理器"按钮,弹出如图6.11所示对话框。

图 6.11 "管材管径管理器"对话框

可以新建、删除、排序管材和管径。

2. 总立管布置

具体功能可参照立管布置,见图 6.12。

图 6.12 "总立管布置"对话框

3. 干管布置

具体功能可参照立管布置,见图 6.13。

图6.13 "干管布置"对话框

4.总干管布置

具体功能可参照立管布置,见图6.14。

图6.14 "总干管布置"对话框

(三)阀门布置

"阀门布置"对话框见图6.15。双击符号,可打开设备库,如图6.16所示。在这里可以确定所需要的设备符号,再选择调用。

(四)立管连干管

功能:将图中所选范围的立管与干管自动连接,并于连接处做断线处理。连接后的效果见图6.17。

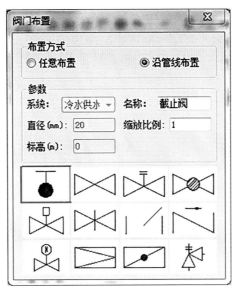

图6.15　"阀门布置"对话框

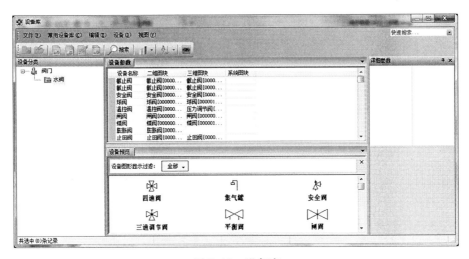

图6.16　设备库

图6.17　立管连干管

如果是选择的立管和干管不匹配,如垂直单管系统中,干管是回水干管,立管为供水立管,这里软件是会按选择框选的区域,将仅有的立管和干管(此时不考虑管线类型)相连接;同时在连接时采取就近原则,和立管垂直距离近的连接,其他不做连接,如图6.18所示。

图6.18 就近原则连接

任务实施

所有的操作在"垂直采暖"菜单中完成,见图6.19。

图6.19 "垂直采暖"工具箱

一、初始设置

通过"垂直采暖"菜单中的"系统设置"对散热器、系统、图层、法兰、显示等进行初始设置。

二、散热器布置

见图6.20、图6.21。

图 6.20　散热器绘制

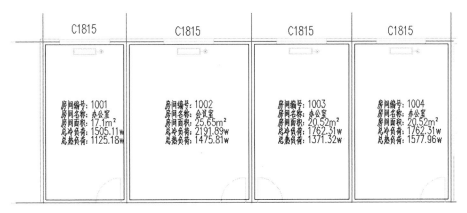

图 6.21　房间布置散热器

三、负荷分配

对平面图中选中的散热器进行负荷分配,需添加散热器后进行负荷分配操作。点击"垂直采暖"→"负荷分配"后,根据提示命令选择散热器。执行命令,弹出如图 6.22 所示的窗口。

在窗口中,可以输入计算条件中的供、回水温度以及房间内的设计温度,而对于每个散热器所承担的负荷,可以手动输入其值,也可以智能分配负荷。前期我们对建筑房间已经识别并生成了相关信息,我们在此可以进行智能分配负荷。

点击"智能分配负荷"选项,将提示负荷分配成功,且不同房间的热负荷参数会自动填入表中,如图 6.23、图 6.24 所示。

图 6.22　散热器负荷分配

图 6.23　智能分配负荷

图 6.24　负荷分配成功

此时,数量仍然为"0",根据散热器类型,供回水温度以及不同房间的热负荷等参数,点击"计算"选项,系统则自动计算出各个房间需要的数量,点击后执行命令,如图6.25所示,系统自动计算。

图6.25 计算散热器片数

四、平面图复制

用于布置标准层的散热器和立管平面图,起到了复制图纸作用。将建筑物一层散热器的布置,复制到建筑物二层。

五、干管布置

此处以设计两层建筑的垂直采暖为例,二楼干管为供水管,一楼干管为回水管。

首先绘制一楼干管回水管,勾选"回水",设置相关参数,并在图纸中(靠近散热器位置)绘制管线。同样,勾选"供水",设置相关参数,并在图纸中绘制二楼供水管,见图6.26。

图6.26 干管布置

六、立管连干管

系统识别散热器立管及干管,将图中所选范围的立管与干管自动连接,效果如图6.27所示。

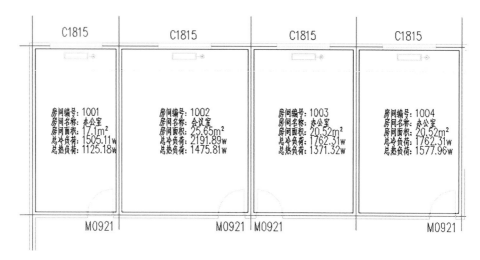

图 6.27   立管连干管

七、自动生成系统图

选择"系统图"中的"选项",弹出"自动生成系统图"对话框,如图6.28所示。

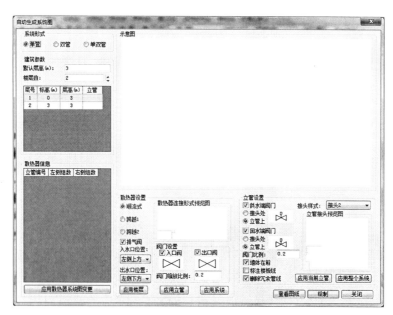

图 6.28   自动生成系统图

软件提供了三种系统形式可以选择,分别是单管系统、双管系统和单双管系统。

根据实际工程情况对建筑参数进行设置,如图 6.29 所示。

在选择表格下方各层立管信息时,有一"提"字按钮出现,是用作自动提取平面图中立管信息的,而在所提取的图纸上,拾取点将会出现标记,便于确定各立管的相对位置,软件自动生成的系统是需要依次提取各楼层信息作为前提的。现分别提取一楼、二楼平面图信息,设置散热器及立管相关信息,即可在图纸界面绘制系统图,效果如图 6.30 所示。

图 6.29　建筑参数修改及提取

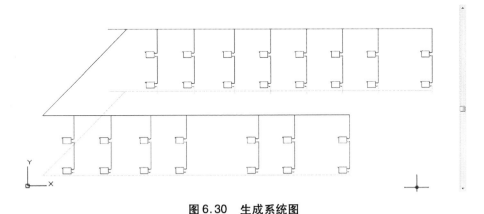

图 6.30　生成系统图

八、任务评价

姓名			学号			组别		
班级			日期			组长签字		
类别	项目	考核内容	自评	小组评	教师评	总分	评分标准	
理论	基础知识（100分）	会通过多种方式布置散热器(25分)						
		会进行负荷分配（25分）						
		能够进行干管、立管布置并连接(25分)						
		会生成系统图(25分)						
技能	技能目标（60分）	正确进行散热器布置（15分）						
		正确进行负荷分配（15分）						
		正确布置干管、立管并连接(15分)						
		正确生成系统图(15分)						
	任务完成质量(30分)	掌握熟练程度(10分)						
		准确及规范度(10分)						
		工作效率或完成任务速度(10分)						
	职业素养（10分）	遵守操作规范,养成良好的制图习惯;尊重他人劳动,不窃取他人成果;遵守课堂秩序;严格执行上机操作秩序规定(10分)						

任务二 分户计量图样的绘制

 知识链接

一、概述

为满足调节需要,共用立管应为双管制式,每户从共用立管上单独引出供、回水水平管,户内采用水平式采暖系统,每户形成一个相对独立的循环环路,即为分户计量。分户计量户外共用立管形式有四种,分别是上供下回同程式、上供上回异程式、下供下回异程式、下供下回同程式。

分户计量散热器的布置,有多种散热器布置形式可供选择,具体参数也可修改。软件提供了任意、沿墙、窗中布置形式,软件自动识别窗体,可多个窗同时进行布置,不需要精确定位;也可以任意布置,随时调整节点方向。

布置立管,可以供回水立管同时放置,编号自动生成;布置干管,可以直接选择在立管上绘制供回水干管,同时标高、管材等信息可自行设定,随着鼠标拖动非常简单就绘制完成了。软件提供了立管连干管、散热器连干管的连接形式,可以实现两者的自动连接,而且于连接处自动打断。考虑散热器的连接形式,软件在散热器连干管时提供了单管串联、单管跨越、双管系统的连接方式。

平面图绘制完成后,可以自动识别绘制好的平面图,框选直接生成系统图,同样的方法也可以生成立管系统图。

分户计量的系统设置方法及散热器、管道阀门的设置方法与垂直采暖基本一致,因此,分户计量系统设置方法、散热器设置方法、管道设置方法请参照垂直采暖。

二、设置

(一) 系统设置

见图6.31,其功能为设置分户采暖系统名称、管线代号。一般"供水"代号采用拼音首字母"GS","回水"代号采用拼音首字母"HS"。

(二) 图层

见图6.32,其功能为设置分户采暖系统下各类管线、标注等图层名称、颜色、线型等信息。

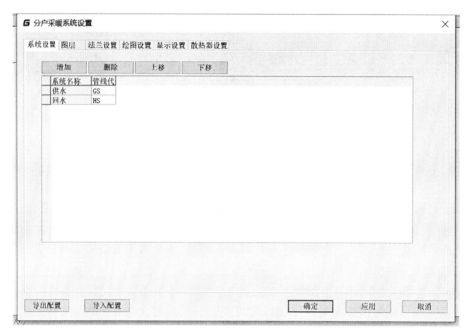

图6.31 "分户采暖系统设置"对话框"系统设置"选项卡

图6.32 "分户采暖系统设置"对话框"图层"选项卡

(三)法兰设置

见图6.33,其功能为设置法兰尺寸,如管线直径、出头量、厚度等。

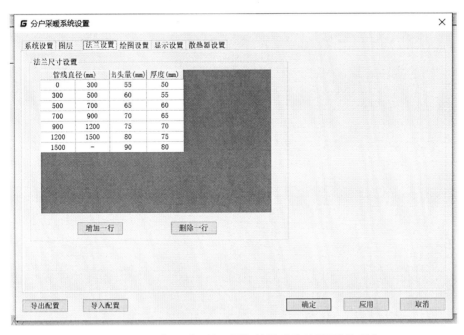

图6.33 "分户采暖系统设置"对话框"法兰设置"选项卡

(四)绘图设置

见图6.34,其功能为设置图形元素的显示形式,如管线形式、标注文字等。

图6.34 "分户采暖系统设置"对话框"绘图设置"选项卡

(五)显示设置

见图6.35,其功能为控制图形中中心线显示、自动打断、遮挡设置、变径二维显示等。

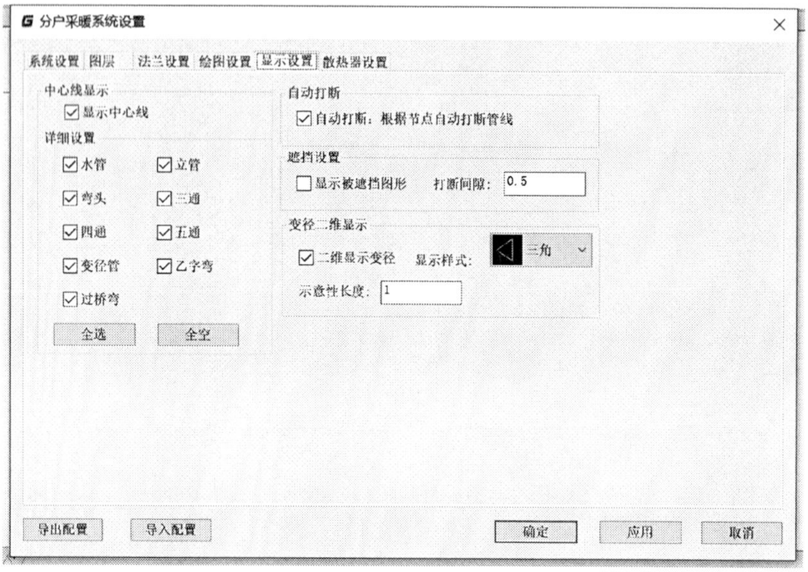

图 6.35 "分户采暖系统设置"对话框"显示设置"选项卡

(六)散热器设置

见图6.36,其功能为控制各种采暖形式下的散热器默认连接形式。

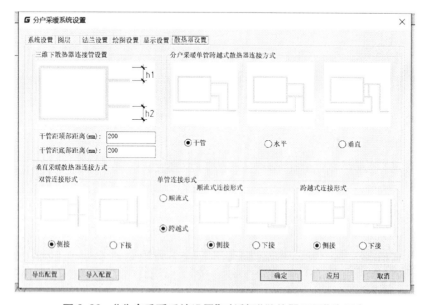

图 6.36 "分户采暖系统设置"对话框"散热器设置"选项卡

任务实施

一、布置散热器

使用"分户计量"→"散热器"命令设置样式、尺寸及布置方式,可通过"详细设置"进行散热器类型等设置,选择相应方式布置散热器。图 6.37 为某小区单元平面图,以此图为例绘制分户计量平面图。

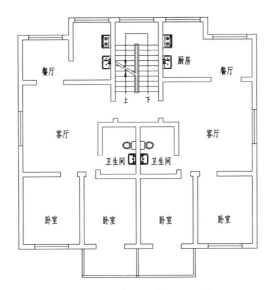

图 6.37　某小区单元平面图

添加散热器后,效果如图 6.38 所示。

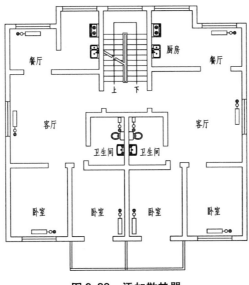

图 6.38　添加散热器

二、布置立管

使用"立管"命令,可同时绘制双立管,设置立管间距、管材等内容后进行布置,如图6.39、图6.40所示。

图6.39　布置立管

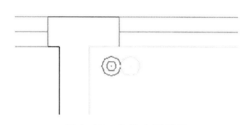

图6.40　立管布置效果

三、布置干管

使用"干管"功能,选择由"立管引出"方式在图中绘制干管,如图6.41所示。

图6.41　布置干管

此处注意,布置方式需选择"立管引出"选项。干管布置效果如图6.42所示。

四、散热器连接干管

执行"散热器连干管"进行干管和散热器的自动连接。软件在散热器连干管时提供了单管串联、单管跨越、双管系统的连接方式。连接完毕后,注意删除多余管线,效果如

图 6.43 所示。

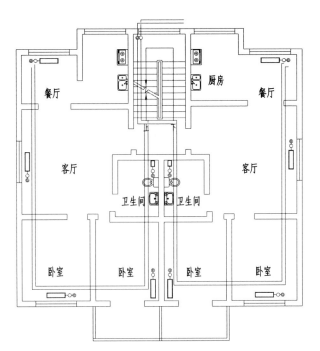

图 6.42　布置干管效果图

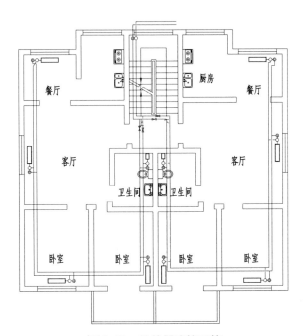

图 6.43　散热器连接干管

五、插入阀门

使用"阀门"进行阀门的插入,插入时可自动打断或调整插入比例。符号库是完全开放的,可以根据需要添加自定义的图块,主要是对同层不同户分支添加阀门,达到分户计量目的,即完成分户计量平面图的绘制。

六、任务评价

姓名			学号			组别	
班级			日期			组长签字	
类别	项目	考核内容	自评	小组评	教师评	总分	评分标准
理论	基础知识（100分）	会通过多种方式布置散热器(25分)					
		能够进行干管、立管布置并连接(25分)					
		能够散热器连接干管(25分)					
		会根据实际需要插入阀门(25分)					
技能	技能目标（60分）	正确进行散热器布置(15分)					
		正确布置干管、立管并连接(15分)					
		正确进行散热器连接干管(15分)					
		正确插入阀门(15分)					
	任务完成质量(30分)	掌握熟练程度(10分)					
		准确及规范度(10分)					
		工作效率或完成任务速度(10分)					
	职业素养（10分）	遵守操作规范,养成良好的制图习惯;尊重他人劳动,不窃取他人成果;遵守课堂秩序;严格执行上机操作秩序规定(10分)					

任务三　地板采暖图样的绘制

知识链接

一、概述

地板辐射采暖是以温度不高于 60 ℃的热水作为热源,在埋置于地板下的盘管系统内循环流动,加热整个地板,通过地面均匀地向室内辐射散热的一种供暖方式。在地面或楼板内埋管时,地板结构层厚度应为:公共建筑≥90 mm,住宅≥70 mm(不含地面及找平层)。盘管布置方式有三种:直列式、旋转式、往复式。

地板采暖注意事项:应考虑室内设备、家具及地面覆盖物等对有效散热量的折减,各并联环路应达到阻力平衡,一般采用同程式布置形式。注意防止空气滞留在系统,加热盘管中保持一定的流速,管内热水流速不应小于 0.25 m/s,一般为 0.25 ~ 0.5 m/s。

地板采暖系统设置方法与垂直采暖基本一致,请参照垂直采暖。

二、设置

(一)系统设置

见图 6.44,其功能为设置地板采暖系统名称、管线代号。一般"供水"代号采用拼音首字母"GS","回水"代号采用拼音首字母"HS"。

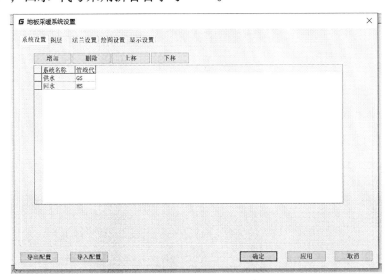

图 6.44　"地板采暖系统设置"对话框"系统设置"选项卡

(二)图层

见图 6.45,其功能为设置地板采暖系统下各类管线、标注等图层名称、颜色、线型等信息。

图 6.45 "地板采暖系统设置"对话框"图层"选项卡

(三)法兰设置

见图 6.46,其功能为设置法兰尺寸,如管线直径、出头量、厚度等。

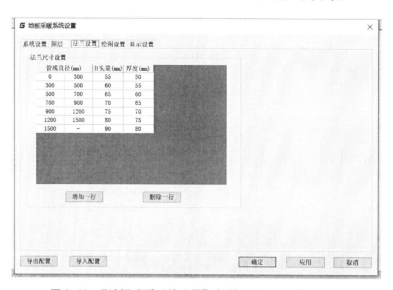

图 6.46 "地板采暖系统设置"对话框"法兰设置"选项卡

（四）绘图设置

见图6.47，其功能为设置图形元素的显示形式，如管线形式、标注文字等。

图6.47　"地板采暖系统设置"对话框"绘图设置"选项卡

（五）显示设置

见图6.48，其功能为控制图形中中心线显示、自动打断、遮挡设置及变径二维显示等。

图6.48　"地板采暖系统设置"对话框"显示设置"选项卡

任务实施

以"卧室"房间为例,绘制地板采暖。

一、盘管计算

打开"盘管计算"选项,弹出"地热盘管计算"对话框,如图 6.49 所示。

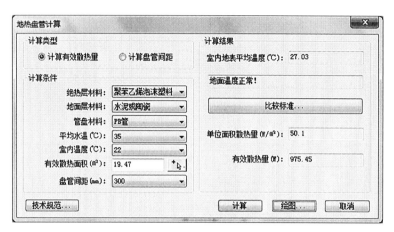

图 6.49 "地热盘管计算"对话框

选择"计算盘管间距"选项,如图 6.50 所示,即可在计算条件中,更改绝热层材料、地面层材料以及管盘材料,根据实际工程设置平均水温和室内温度,可通过鼠标在图纸中拾取有效散热面积及有效散热量。

图 6.50 计算盘管间距

点击对话框右下角"计算"选项,系统根据设定值自动计算出单位面积散热量以及盘管间距。随后点击"绘图"选项,则弹出"地热盘管绘制"对话框,如图 6.51 所示。

二、选择盘管样式

根据提示确定绘制区域,即可完成该房间的盘管绘制,效果如图6.52所示。

图6.51　"地热盘管绘制"对话框

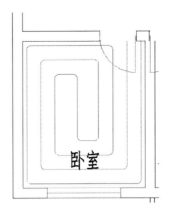

图6.52　地热盘管绘制

三、绘制分集水器

点击"分集水器"选项,弹出"分集水器"对话框,如图6.53所示。

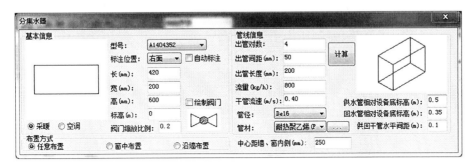

图6.53　"分集水器"对话框

根据实际工程需要,更改分集水器相关参数,或者根据出管对数自动计算分集水器外观,即可在图纸中根据不同的布置方式进行布置,效果如图6.54所示。

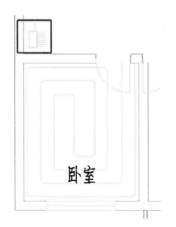

图 6.54 分集水器布置

四、地板盘管与分集水器连接

选择"双线盘管"选项,弹出"绘制盘管"对话框,如图 6.55 所示。

选择布置方式为管线端点引出,根据命令行提示,使用"连接到管线(E)"命令,即可完成自动连接,效果如图 6.56 所示。

图 6.55 "绘制盘管"对
话框

图 6.56 地热盘管与分集
水器自动连接

五、圆角处理

点击"圆角处理"选项,根据命令行提示,输入圆角半径,框选要处理的范围,即可完成对框选盘管的圆角处理。

对于不规则的房间,选择"异形盘管"功能选择房间的各对角点布置。

六、任务评价

姓名			学号			组别		
班级			日期			组长签字		
类别	项目	考核内容	自评	小组评	教师评	总分	评分标准	
理论	基础知识（100分）	会进行盘管计算,盘管间距、样式选择合理（25分）						
		能够绘制分集水器（25分）						
		能够进行地板盘管与分集水器连接（25分）						
		会对盘管进行圆角处理（25分）						
技能	技能目标（60分）	盘管计算正确,盘管间距、样式选择合理（15分）						
		分集水器绘制正确（15分）						
		地板盘管与分集水器连接正确（15分）						
		正确对盘管进行圆角处理（15分）						
	任务完成质量（30分）	掌握熟练程度（10分）						
		准确及规范度（10分）						
		工作效率或完成任务速度（10分）						
	职业素养（10分）	遵守操作规范,养成良好的制图习惯;尊重他人劳动,不窃取他人成果;遵守课堂秩序;严格执行上机操作秩序规定（10分）						

项目小结

1. 我们可对散热器的平面图形式进行选取,可以设置散热器外形尺寸,包括长、宽、距墙壁或窗内侧的距离以及标高,均为实际尺寸。提供三种散热器的布置方式:任意布置、窗中布置和沿墙布置。

2. 输入立管参数,还可输入平面图中立管布置的间距值,设置距墙间距,选择是否自动布置立管编号。有三种立管的布置方式可供选择:"任意布置""沿墙布置""墙角布置"。

3. 分户计量户外共用立管形式有四种,分别是上供下回同程式、上供上回异程式、下供下回异程式、下供下回同程式。

4. 布置立管,可以供回水立管同时放置,编号自动生成;布置干管,可以直接选择在立管上绘制供回水干管,同时标高、管材等信息可自行设定,随着鼠标拖动非常简单就绘制完成了。

5. 地板辐射采暖是以温度不高于 60 ℃ 的热水作为热源,在埋置于地板下的盘管系统内循环流动,加热整个地板,通过地面均匀地向室内辐射散热的一种供暖方式。

6. 盘管布置方式有三种:直列式、旋转式、往复式。

项目测评

一、以图 6.57 某建筑平面图为基础,完成垂直采暖布置

具体要求如下:

1. 散热器布置,二维图例选择单管散热器,长 800 mm,高 600 mm,宽 200 mm,中心距墙、窗内侧 200 mm,相对本层底标高 0.25 m,所在楼层层高 3 m,采用窗中布置;

2. 负荷分配,供水温度 90 ℃,回水温度 75 ℃,要求要将符合分配后的结果标注在散热器附近;

3. 平面图复制,将散热器复制在建筑底图右侧,复制两组,一组为一楼,一组为二楼;

4. 对已复制的散热器进行干管布置,一楼绘制回水干管,二楼绘制供水干管;

5. 立管连干管,自动连接;

6. 自动生成系统图,要求系统形式为单管,默认层高为 3 m,楼层数为 2,分别提取一楼、二楼图纸信息,并绘制系统图在建筑底图右侧。

二、在图 6.58 某房间平面图的基础上完成三个房间的地热采暖布置

具体要求如下:

1. 通过盘管计算,输入相应的房间参数,计算温度是否在合理范围内,并分别绘制三个房间的地热盘管,且盘管接口均在门下方;

2. 在下方白色框内布置分集水器,要求采暖、型号 A1404356,标注位置左面,长 600 mm,宽 200 mm,高 500 mm,标高 0 m,阀门缩放比例 0.1,要求绘制阀门,出管对数 3,出管间距 75 mm;

3.盘管连接分集水器(双线盘管);

4.圆角处理,要求半径 100 mm;

5.材料表统计,绘制在房间右侧。

图 6.57、
图 6.58

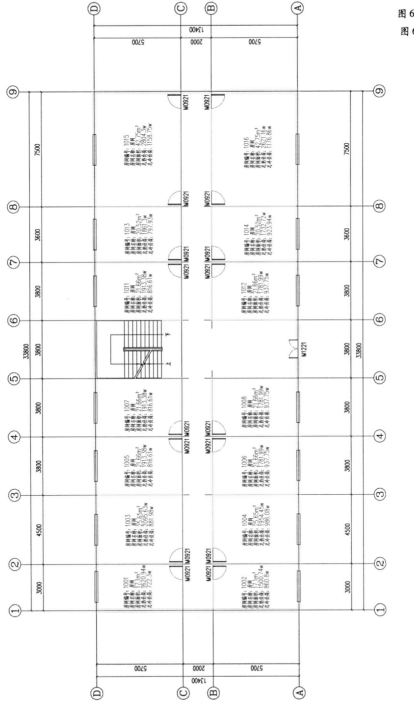

图 6.57 某建筑平面图

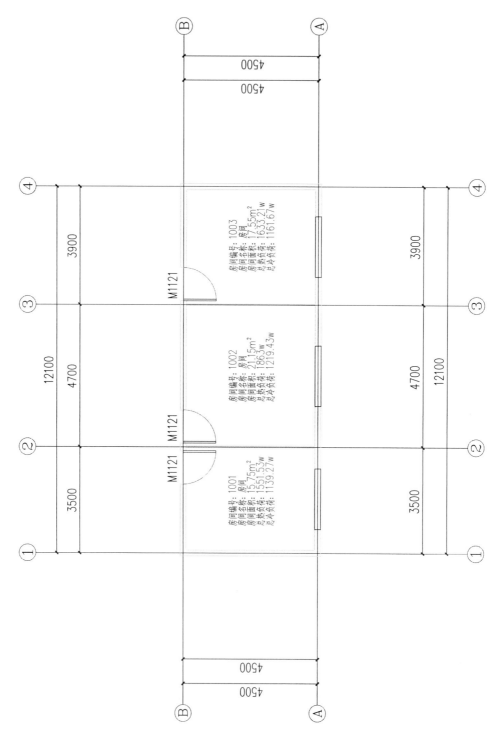

图6.58　某房间平面图

项目七 通风空调系统图样的绘制

空调通风工程是指采用人工手段改善室内热湿环境和空气环境的工程方法。

根据对热湿环境和空气环境项目要求不同分为空调工程和通风工程。空调工程和通风工程的主要区别在于：空调工程一般对空气进行热湿、过滤等处理后送入房间，而通风工程则往往仅对空气进行过滤处理。两者过滤要求有时不尽相同，空调工程要求房间具有比大气环境更高的空气品质，如净化空调工程；通风工程则要求房间在有污染的情况下，能实现与大气环境接近的空气环境，如通风除尘工程。对于有些特殊要求的建筑，兼有空调与通风工程，其中空调与通风工程根据房间功能不同又有民用和工业用之分。

学习目标 ▷▷▷

🎁 知识目标

了解通风空调功能及工程图纸绘制方法。

🎁 技能目标

能够正确布置通风工程的风口、风管及其他风口设备；
能够正确布置多联机设备及绘制系统平面图；
能够对通风空调布置水路并完成水路平面图绘制。

🎁 情感目标

培养学生对通风空调系统设计的创新意识，从而追求更高效、更优化的设计方案。

任务一 通风工程图样的绘制 ▷▷▷

👆 知识链接

通风工程中主要是风系统风管的绘制。绘风系统风管平面图，首先进行风口布置，浩辰 CAD 暖通风口图库是完全开放的，可以自定义添加，同时有多种布置方式可供选择。风口布置完成之后,接下来进行风管的绘制,软件可自动根据风速控制和比摩阻控制来选择管径,软件会自动选出适合的风管截面宽度(黑色为推荐选项)。选中截面宽度之后,风管由机房引出,转弯处会自动添加弯头,绘制过程中也可以随时调整截面宽度、标高等参数,软件会自动添加变径等局部构件。对于局部构件的处理,只需要点击相关风管,软件会自动插入相关局部构件。阀门阀件的布置,可以根据风管的截面尺寸进行分叶片数的计算。风管的标注有多种标注样式可供选择。材料表的统计,将整个图面框选,即可生成设备表文件,软件会自动统计出框选范围内的所有材料,软件支持全屏编辑功能,还可以将设备表直接输出到 Excel。

一、系统设置

"系统设置"选项可以设置通风空调绘图时所需要的参数,并可以通过"导出配置"和"导入配置"进行数据的备份。"确定"按钮为应用并退出当前设置,"应用"按钮为应用当前设置,"取消"按钮为直接关闭不保存当前设置。

(一)系统设置

控制通风空调对应的风管代号,同时可增加、删除风管的种类,如图7.1 所示。

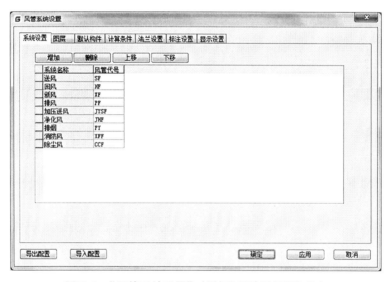

图7.1 "风管系统设置"对话框"系统设置"选项卡

(二)图层

对各种类风管的图层名称、颜色、线型、线宽等参数进行设置、编辑,如图7.2 所示。

(三)默认构件

(1)设置弯头、变径、三通、四通、乙字弯、立风管的默认绘制形式,在绘图中智能生成的这些局部构件,均采用此处设置的默认构件。

(2)各种形式的弯头、三通等局部构件,均可自定义具体名称,如软件默认的"内圆弧"弯头,可定义为"×××内圆弧"弯头。

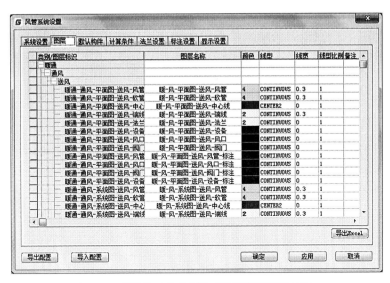

图7.2　"风管系统设置"对话框"图层"选项卡

（3）各种形式的弯头、三通等局部构件，均可自定义构件的默认参数，如"内圆弧"弯头，可定义其默认曲率半径为1，也可定义为1.2，在绘图中，自动或手动生成的该弯头将默认选取此曲率半径。

（4）设置平面图中"立管""变高弯头""变高乙字弯"的默认形式。

（5）绘制过程中，软件可提供带有角度提醒的刻度盘，可自定义该刻度盘是否显示、刻度盘默认角度。

（6）设置绘图时标高发生变化的两段风管连接构件形式。

详情如图7.3所示。

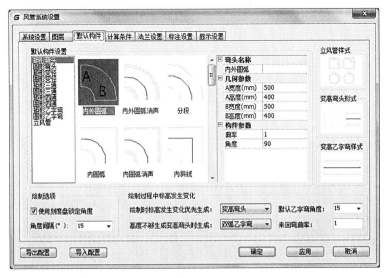

图7.3　"风管系统设置"对话框"默认构件"选项卡

（四）计算条件

绘制风管时,软件会根据实际风量自动计算对应尺寸风管内部的介质流速、比摩阻等数据,此处"计算条件"用来控制计算时采用的默认条件,如介质压力、温度等参数。

"风速控制""比摩阻控制"可以在绘制风管时用不同颜色显示出当前风管的实际风速、比摩阻参数。

详情如图7.4所示。

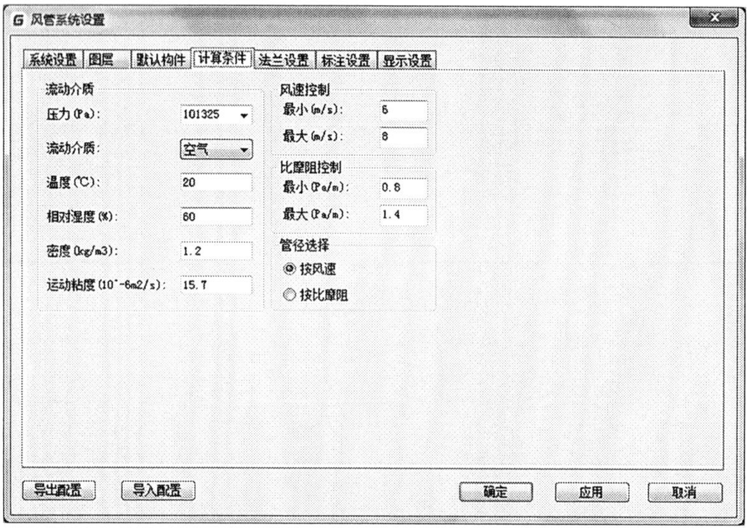

图7.4 "风管系统设置"对话框"计算条件"选项卡

（五）法兰设置

默认法兰样式:用来控制绘图时自动生成的法兰样式,如"单线""双线开口"等,同时可以对图纸上已有的法兰进行更新,用当前选中的形式替换掉原有的形式。

法兰尺寸设置:对不同截面尺寸的风管,可以设置不同的法兰出头量,同时可以对图纸上已有的法兰进行更新,用当前选中的形式替换掉原有的形式。

详情如图7.5所示。

（六）标注设置

设置风管自动标注的标注位置,如管上标注、管外标注,设置截面尺寸的连接符号,如"500×500"或者"500 * 500"。

设置风管标注的形式和该形式下的标注内容,此处提供风管的所有信息,可通过勾选信息项来控制实际的标注内容,如勾选"矩形尺寸""标高",那么风管的标注样例即为"500 mm×300 mm 底 3 m"。

设置标高前缀,如绘制风管时选择的对齐方式是底对齐,那么标注风管标高时,默认的标高前缀就选用"底高"所对应的设置。

设置标注的长度单位,如设置为"mm",标注时风管的截面尺寸即为"500 mm×500 mm"。

图7.5　"风管系统设置"对话框"法兰设置"选项卡

设置引线标注的箭头样式和箭头尺寸。

详情如图7.6所示。

图7.6　"风管系统设置"对话框"标注设置"选项卡

(七)显示设置

设置通风空调中心线的显示,如显示风管、弯头、三通等图形的中心线。

设置同标高风管发生交叉时,自动生成三通、四通等构件以后,是否将原来的整根风管打断为两根风管。

设置平面图中,风管的单双线绘制形式,同时可以更新已经绘制完成的风管形式。

设置不同标高的风管在俯视图中发生交叉时,是否显示标高较低的风管,是否对交叉处进行额外的风管遮挡处理。

风管端部细线显示选项,指风管及构件两端不受风管边线是否加粗影响,始终以不加粗状态显示。

详情如图 7.7 所示。

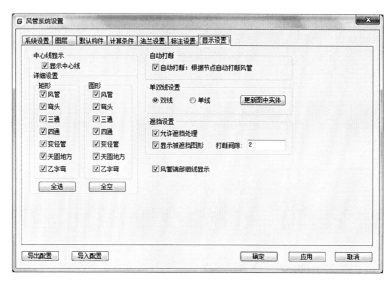

图 7.7 "风管系统设置"对话框"显示设置"选项卡

二、风口风管

(一)风口

"风口"选项,提供布置风口的相关功能。选择"风口",弹出"风口布置"对话框,如图 7.8 所示。

图 7.8 "风口布置"对话框

可以输入风口类型、截面尺寸、高度、标高、角度、风量等参数;

可以根据总风量和实际的风口数量计算各风口风量和喉口风速;

可以选择布置方式,如任意布置、管底布置、沿直线布置、沿弧线布置、矩形布置、菱形布置等,当风口为侧风口时,可以沿风管侧壁进行布置。

242

(二)风口管理

"风口管理"工具提供风口数据库的扩充、删除等图块管理功能。选择"风口管理"选项,弹出"图库"对话框,如图7.9所示。

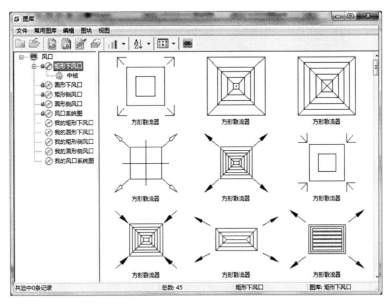

图7.9　"图库"对话框

可以选择"我的矩形下风口""我的圆形下风口"等内容,在右侧空白处右键单击,在弹出菜单中选择新图入库(图7.10),根据命令行提示完成入库过程。

图7.10　新图入库

根据命令行提示,即可完成自制风口入图库,如图7.11所示。

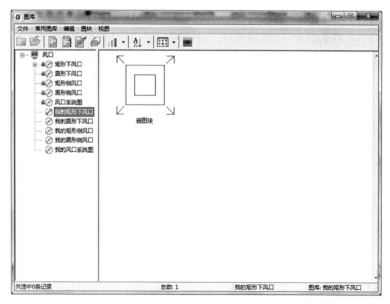

图 7.11　完成自制风口入库

(三)风管

　　"风管"工具提供绘制矩形风管和圆形风管的功能,包括手动选起点绘制和通过夹点引出绘制。选择"风管"选项,弹出"风管布置"对话框,如图 7.12 所示。

图 7.12　"风管布置"对话框

1.风管参数的输入

可以输入风管类型、风管材料、截面形状、风量和截面尺寸,也可以设置风管的标高、斜风管的升降角度和对齐方式。

2.风管类型的设置

软件提供默认的 9 种类型,如图7.13 所示,可以通过边上的按钮进入"系统设置"进行添加和删除。

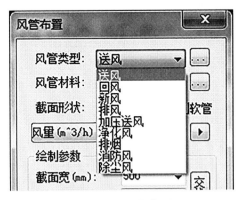

图7.13 风管类型

3.风管材料的选择

如果软件没有需要的管材,可以通过"风管材料"边上的按钮进入"风管管材和管径管理器"进行设置,如图7.14 所示。

图7.14 "风管管材和管径管理器"对话框

4.风量设置

可以通过点击风量标签修改风量的单位,软件提供6 种单位进行设置,如图 7.15 所示;输入单位后,可以点击右侧方向按钮获取系统推荐的截面尺寸(推荐尺寸是通过风管计算参数计算后得到的满足"系统设置"设定的过滤条件的截面大小)。

5.截面宽与截面厚的修改

可以自己输入需要的尺寸,也可以通过下拉菜单选择软件提供的尺寸;下拉列表提供了3个数据,分别为尺寸、流速和比摩阻,流速与比摩阻是根据另一个尺寸向量和风量计算得出的结果,其中绿色表示在合理范围内(合理范围通过"系统设置"→"计算条件"设置),红色表示过高,黄色表示过低,可以直观地选择合理的尺寸,如图7.16所示。

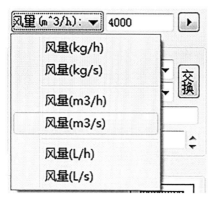

图7.15 风量设置

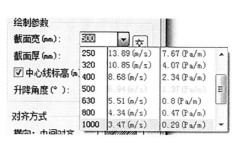

图7.16 软件提供的尺寸

6.标高

指定了风管起始点的标高,根据竖向对齐方式分别显示为顶部标高、中心线标高和底部标高;升降角度指定了风管与 XY 平面的夹角取值,设定后可以绘制斜风管。

7.对齐方式

对齐方式定义了绘制过程中相邻两段风管的尺寸,如果不同,那么两段风管相对对齐的位置,可以点击选择自己需要的对齐方式,共有9种,如图7.17所示。

图7.17 对齐方式

8. 计算结果

计算结果显示了在当前风量、尺寸下的流速,比摩阻和当前绘制的风管段的沿程阻力。

9. 沿墙布置

勾选"沿墙布置"后可以设置距墙距离进行沿墙布置,距墙距离的定义为当前风管水平对齐边(左侧、中心或右侧)距离墙体的距离。

10. 提取

可以通过提取按钮选择图纸中已经存在的风管,获取其除对齐方式外的参数,设置到对话框上。

(四)风口连管

"风口连管"工具可以实现风管与风口的自动连接功能,有 3 种连接方式,如图 7.18 所示。

(a) 直接连管

(b) 间接连管

(c) 软管连管

图 7.18　三种风口连管方式

1. 直接连管

将自动根据主风管标高重新计算风口标高,将风口标高自动设置为风管底标高,见

图 7.18(a)。

2. 间接连管

软件自动计算主风管与风口标高之差,同时绘制竖风管、弯头等局部构件,将风管与风口连接,见图 7.18(b)。

3. 软管连接

自动生成的支风管尺寸可选择随主风管尺寸、随风口尺寸或手动指定尺寸,同时软件自动生成不同尺寸风管间的局部构件,见图 7.18(c)。

(五) 风管调整

"风管断开"工具可以将选中风管在选择点处断开。

"局部改造"工具,可以点选同一根风管上的两点,修改两点间的风管段位置,可以水平或竖向修改,通过风管或乙字弯连接修改后的风管段与剩下的两个风管段,见图 7.19。软件提供两种连接方式(风管连接和乙字弯连接)以及两种改造方式(水平偏移和竖直升降);针对乙字弯连接,软件提供锁定乙字弯角度或者长度两种参数方式。

"水平对齐"工具可以将选定的与定位基准线平行的风管对齐到基准线(同时处理对齐风管的连接方式)。注意:平面对齐只处理与指定基准线平行的风管,对不平行的风管不进行处理,见图 7.20。

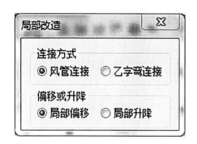
图 7.19 "局部改造"对话框

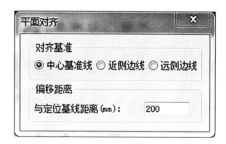
图 7.20 "平面对齐"对话框

"竖向对齐"工具可以将选定的水平风管对齐到指定高度(同时处理对齐风管的连接方式)。

"打断合并"工具可以打断指定风管或者合并同向相连的两段风管,见图 7.21。

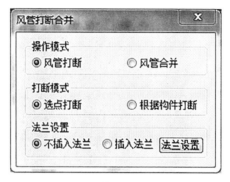
图 7.21 "风管打断合并"对话框

"竖向调整"工具,可以调整风管和管件的标高范围,标高范围包括起始高和终止高,同时也可以调整升降高差。

三、局部构件

(一)变径

"变径"工具可以将两段共线且尺寸不同的风管用变径或天圆地方进行连接,见图7.22。变径效果见图7.23。

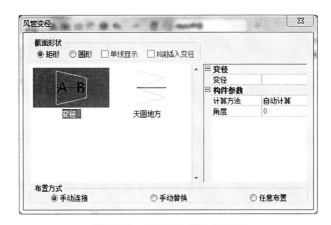

图7.22　"风管变径"对话框

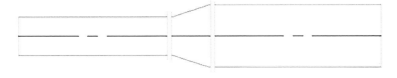

图7.23　变径效果

(二)弯头

"弯头"工具可以将两段同标高风管用弯头进行连接。"风管弯头"对话框见图7.24,风管弯头效果见图7.25。

1. 截面形状

可选择所绘制弯头的截面形状,如需连接两段风管,需选择与风管截面形状相同的弯头。

2. 弯头形式

可从界面中选择所需绘制的弯头,包括内外圆弧、内外圆弧消声等多种形式。

3. 系统形式

可选择弯头所属的风系统,如送风系统、新风系统等。

4. 录入数据

对于任意布置的弯头,可以录入弯头的名称、构件参数等数据。

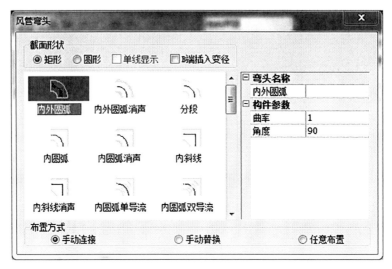

图7.24 "风管弯头"对话框

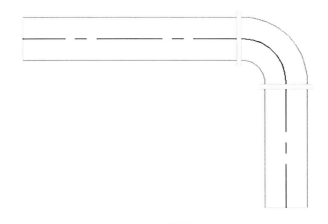

图7.25 风管弯头效果

5.布置方式

手动连接是将图面上任意两段标高相同的风管进行连接,手动替换是用选中的弯头替换图面选中的弯头,任意布置是在任意位置布置选中的弯头。

(三)乙字弯

"乙字弯"工具可以将属于同一平面的两段风管进行乙字弯连接。"风管乙字弯"对话框见图7.26,风管乙字弯效果见图7.27。

1.功能

乙字弯功能可将属于同一平面的两段风管进行连接,如标高相同的两段风管或轴线处于同一立平面的两段风管。

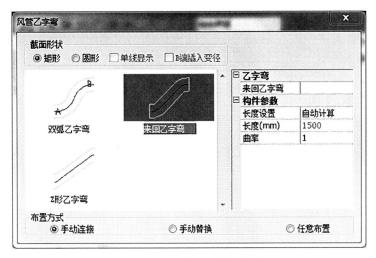

图7.26　"风管乙字弯"对话框

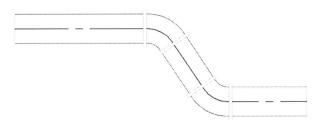

图7.27　风管乙字弯效果

2. 截面形状

可选择所绘制乙字弯的截面形状,如需连接两段风管,需选择与风管截面形状相同的乙字弯。

3. 乙字弯形式

可从界面中选择所需绘制的乙字弯,包括双弧乙字弯、来回乙字弯等多种形式。

4. 系统形式

可选择乙字弯所属的风系统,如送风系统、新风系统等。

5. 录入参数

对于任意布置的乙字弯,可以录入名称、构件参数等数据。

6. 布置方式

手动连接是将图面上任意两段标高相同的风管进行连接,手动替换是用选中的乙字弯替换图面选中的乙字弯,任意布置是在任意位置布置选中的乙字弯。

（四）三通

"三通"工具可以将属于同一平面的三段风管进行三通连接。"风管三通"对话框见图7.28,风管三通效果见图7.29。

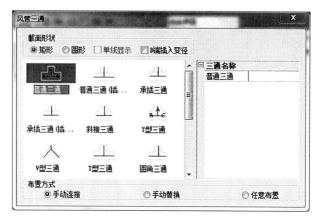

图 7.28 "风管三通"对话框

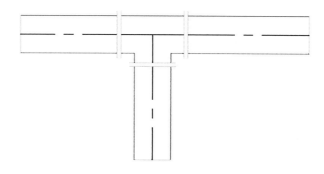

图 7.29 风管三通效果

1. 截面形状

可选择所绘制三通的截面形状,如需连接已有风管,需选择与风管截面形状相同的三通。

2. 三通形式

可从界面中选择所需绘制的三通,包括普通三通、承插三通等多种形式。

3. 系统形式

可选择三通所属的风系统,如送风系统、新风系统等。

4. 录入参数

对于任意布置的三通,可以录入名称、几何参数等数据。

5. 布置方式

手动连接是将图面上任意三段标高相同的风管进行连接,手动替换是用选中的三通替换图面选中的三通,任意布置是在任意位置布置选中的三通。

(五)四通

"四通"工具可以将属于同一平面的四段风管进行四通连接。"风管四通"对话框见图 7.30,风管四通效果见图 7.31。

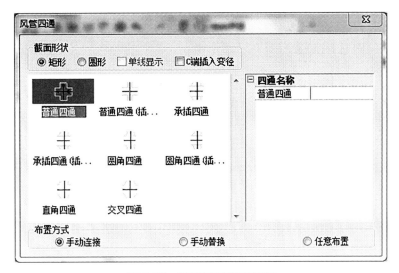

图 7.30　"风管四通"对话框

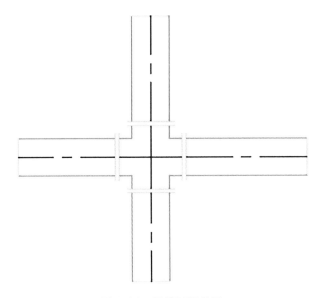

图 7.31　风管四通效果

1. 截面形状

可选择所绘制四通的截面形状,如需连接已有风管,需选择与风管截面形状相同的四通。

2. 四通形式

可从界面中选择所需绘制的四通,包括普通四通、承插四通等多种形式。

3. 系统形式

可选择四通所属的风系统,如送风系统、新风系统等。

4. 录入参数

对于任意布置的四通,可以录入名称、几何参数等数据。

253

5. 布置方式

手动连接是将图面上任意四段标高相同的风管进行连接,手动替换是用选中的四通替换图面选中的四通,任意布置是在任意位置布置选中的四通。

(六)变高弯头

"变高弯头"工具可以在一根风管上选择一点进行打断,同时设置点两侧的风管段标高,通过变高弯头进行连接。

命令行提示如下:

命令:IHVACDUCTDEFHEIGHT

选择风管上的点:

输入高亮风管新标高<0 m>:2

输入高亮风管新标高<0 m>:5

变高效果如图 7.32、图 7.33 所示。

图 7.32　变高效果(俯视图)

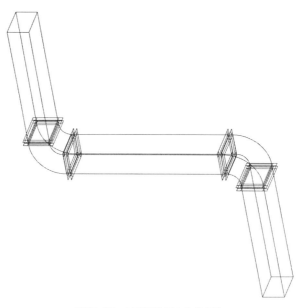

图 7.33　变高效果(立体图)

(七)空间搭接

"空间搭接"工具可以利用风管连接空间中不平行的两段风管。软件提供三种空间搭接方式:双弯头、弯头三通、双三通。三种搭接方式如图 7.34 所示。

图 7.34　"空间搭接"对话框

四、法兰、风阀、风口设备（风管吊架、风管支架、轴流风机等）

（一）法兰

"法兰"工具可以沿风管任意位置插入法兰。"法兰布置"对话框见图 7.35。

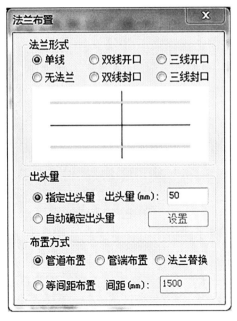

图 7.35　"法兰布置"对话框

1. 法兰形式

可控制插入法兰的形式,如双线开口、三线开口等。

2. 出头量

该参数可手动指定也可通过软件设定自动计算,如需设置自动计算的标准,可点击"设置"。

3. 布置方式

控制法兰布置的位置,可以在风管上,也可以是风管两端,法兰替换可以实现已有法兰的批量改变。

(二)风阀

"风阀"工具可以在指定的位置或者风管上布置一个指定的风阀。"阀门布置"对话框见图7.36。

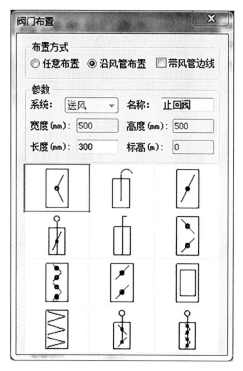

图7.36 "阀门布置"对话框

软件提供风阀的两种布置方式:任意布置和沿风管布置。任意布置时,可以自由地选择风阀的系统、角度和尺寸、标高;沿风管布置时,只能将风阀布置在风管上,并且只能设置长度,其余尺寸和参数将通过所布置的风管进行读取。

勾选"带风管边线"可以使布置在风管上的风阀显示风管的边线。

软件默认显示风阀图库中的前12种样式,方便使用。单击示意图选择需要布置的风阀样式,或者双击示意图调用"风阀管理"修改该位置的常用风阀。

(三)风管吊架

"风管吊架"工具,可以沿风管按指定间距布置吊架。"风管吊架"对话框见图7.37。

软件提供两种吊架可以选择:双臂悬吊和单臂悬吊。

可以点击托臂样式示意图选择托臂样式,点击底座样式示意图选择底座的样式。

参数设置:勾选绘制底座后,显示底座,不勾选则不显示;长度为托臂的长度,间距为连续绘制时下一个吊架与前一个吊架的间距;高为底盘的标高,托臂的标高根据风管底部的标高进行设置。

连续绘制时,根据所布置的风管的基线和间距预算下一个吊架的位置。

(四)风管支架

"风管支架"工具可以沿风管按指定间距布置吊架。"风管支架布置"对话框见图7.38。

图7.37　"风管吊架"对话框　　　　图7.38　"风管支架布置"对话框

可以点击托臂样式示意图选择托臂样式,点击底座样式示意图选择底座的样式。

参数设置:勾选绘制底座后,显示底座,不勾选则不显示;长度为托臂的长度,间距为连续绘制时下一个吊架与前一个吊架的间距。

支架的标高:不能手动设置支架的标高,在支架布置后,软件判断支架是否有相应风管进行支撑,若有则使用风管底部标高,反之则使用0标高。

(五)轴流风机

"轴流风机"工具可以沿风管或指定位置插入轴流风机。"轴流风机布置"对话框见图7.39。

图7.39　"轴流风机布置"对话框

左侧轴流风机图块可通过单击图形进入图库,选择轴流风机平面图绘制形式。

轴流风机型号、名称等参数均可手动指定,同时轴流风机与风管连接处的软接头和天圆地方等局部构件,也可通过该功能自动计算和生成。

(六)设备布置

"设备布置"工具,可以实现空调风系统设备图块的布置。"设备布置"对话框见图7.40。

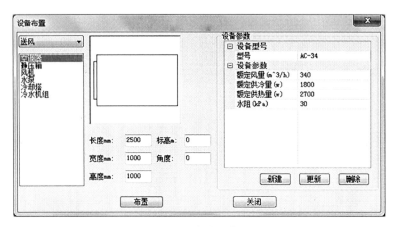

图 7.40　"设备布置"对话框

选择需要布置设备所属的系统和设备类型,可以通过单击图形进入图库,选择对应类型的设备图块。

设备体型参数可任意输入,软件将自动根据实际尺寸生成三维图形。

设备参数可通过新建、更新、删除进行数据管理,比如输入全新的设备型号和设备参数,点击新建即可实现数据的录入。

(七)设备连接定义

"设备连接定义"工具,可以定义设备与水管、风管的连接位置和类型,定义设备默认的连管类型,比如定义风机默认的连接风管类型,定义水泵默认的连接水管类型。

在对话框中,选择水管、风管对应的页面,可以定义设备连管的位置和管线信息,比如定义风机连接的送风风管截面形状、连接点、连接点截面尺寸等。

(八)设备连管

"设备连管"工具,可以按照"设备连接定义"自动连接选中的设备和管线。

设备连管时,自动将设备与风管进行就近连接,同时生成弯头、三通或立管等连接需要的构件。

如果框选的设备没有进行设备连接定义,或者定义的管线类型与图面已有的管线类型不符,则无法实现自动连接。

(九)空气机组

"空气机组"工具,可以对风系统空气机组进行组合、绘制。"空气机组"对话框见图 7.41。

手动选择空气机组各功能段,组合后可对功能段进行参数的输入、顺序的排列等操作。

布置的空气机组可选择视图效果,如俯视图、立面图,选择视图形式,如简图、详图。

空气机组各功能段的图形,可通过单击"箱段预览"进入图库选择需要绘制的平面图样式。

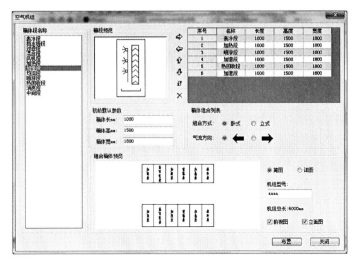

图 7.41　"空气机组"对话框

(十)全热交换器布置

"全热交换器布置"工具,可以进行全热交换器设备布置。"全热交换器布置"对话框见图 7.42。

图 7.42　"全热交换器布置"对话框

任务实施

以图 7.43 建筑平面图为例,布置通风系统。

一、风口布置

选择"风口"工具,根据工程要求,选择风口形式及参数等信息,在建筑图中进行布置风口,效果如图 7.44 所示。

二、风管绘制

启动"风管"工具,根据工程实际风量选择相应的风管宽度及厚度进行绘制,见图 7.45。

三、风口连管

启动"风口连管"工具,选择连接方式,根据命令行提示选择需要连接的风管和风口,即可完成风管和风口的自动连接。连接处会自动加上合适的局部构件,我们需要一一查看是否合适并及时调整不合适的构件,绘制效果如图 7.46 所示。

四、布置轴流风机及风阀

启动"风管设备"及"风阀"选项,选择合适的风管设备及风阀添加在合适的位置,即可完成风管设备及风阀的布置,布置效果如图 7.47 所示。

五、生成系统图

生成系统图,效果如图 7.48 所示。

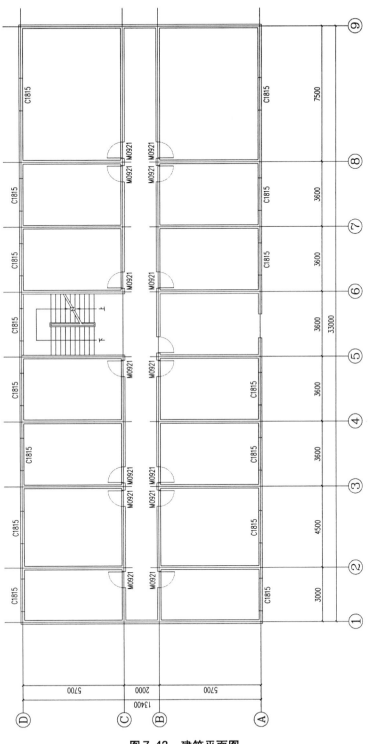

图 7.43 建筑平面图

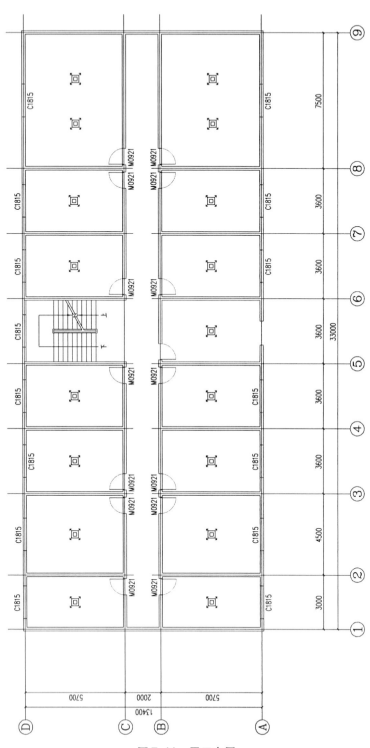

图7.44 风口布置

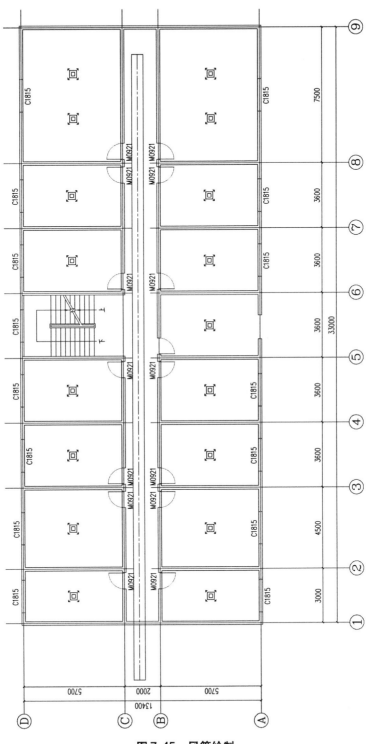

图 7.45　风管绘制

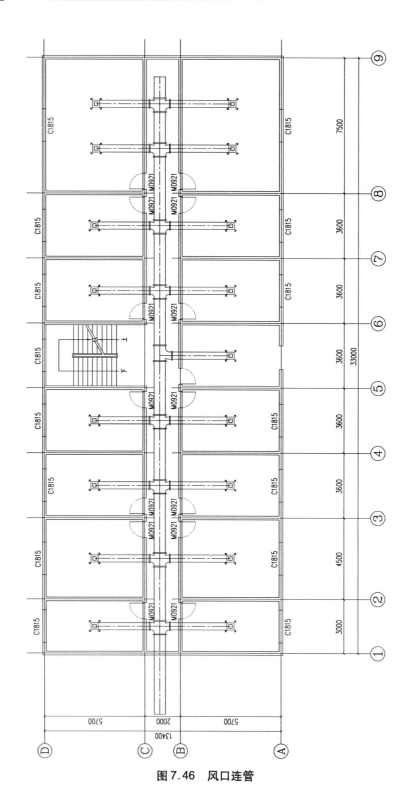

图 7.46　风口连管

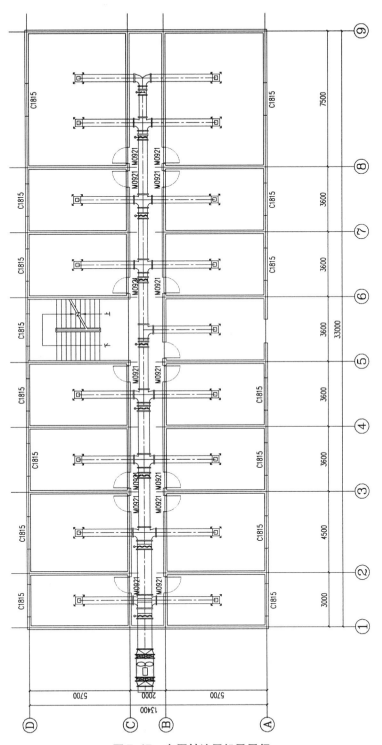

图 7.47　布置轴流风机及风阀

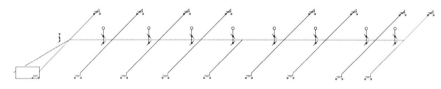

图 7.48　生成系统图

六、转换三维视角

在图纸部分,右键单击,弹出对话框,如图 7.49 所示。

图 7.49　转换视图

选择"视图设置"中的"轴测视图",即可转换三维视角,效果如图 7.50 所示。
再次右键单击,选择"视图设置"中的"平面图",即可转回到绘制界面。

七、材料表统计

1."材料表统计"工具

"材料表统计"工具可以统计生成材料清单。

执行命令,弹出如图 7.51 所示的对话框。

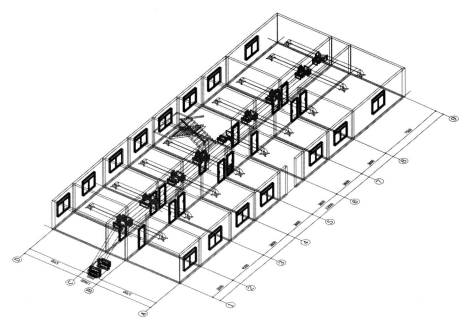

图 7.50　三维视角效果图

图 7.51　"材料表统计"对话框

2. 材料表设置

执行命令,弹出如图 7.52 所示的对话框。

图 7.52 "材料表设置"对话框

3. 图面选取

根据命令行提示可在图纸选取要进行统计的图纸部分,操作后,"材料表统计"对话框则根据框选区域,智能识别所用材料,并生成材料清单,如图 7.53 所示。

图 7.53 "材料表统计"结果

4. Word 计算书

将统计内容以 Word 计算书的形式输出。

5. Excel 计算书

将统计内容以 Excel 计算书的形式输出。

6. 绘制

只需要在图中给一表格插入点,可将统计结果直接生成到 CAD 图纸中,如图 7.54 所示。

23	风管	普通钢板 800×400	米	8.43	
22	风管	普通钢板 630×400	米	5.55	
21	风管	普通钢板 500×400	米	10.82	
20	风管	普通钢板 400×400	米	55.12	
19	轴流风机	DXGI型−5.6	个	1	
18	电动对开多叶调节阀	800×400	个	2	
17	电动对开多叶调节阀	630×400	个	2	
16	电动对开多叶调节阀	500×400	个	4	
15	电动对开多叶调节阀	400×400	个	1	
14	方形散流器	400×400	个	17	
13	圆角四通	普通钢板800×400\400×400\800×400\400×400	个	1	风管管件
12	圆角四通	普通钢板800×400\400×400\630×400\400×400	个	1	风管管件
11	圆角四通	普通钢板630×400\400×400\630×400\400×400	个	1	风管管件
10	圆角四通	普通钢板630×400\400×400\500×400\400×400	个	1	风管管件
9	圆角四通	普通钢板500×400\400×400\500×400\400×400	个	2	风管管件
8	圆角四通	普通钢板500×400\400×400\400×400\400×400	个	1	风管管件
7	圆角三通	普通钢板500×400\500×400\400×400	个	1	风管管件
6	双线开口法兰	普通钢板 800×400	对	5	风管法兰
5	双线开口法兰	普通钢板 630×400	对	8	风管法兰
4	双线开口法兰	普通钢板 500×400	对	16	风管法兰
3	双线开口法兰	普通钢板 400×400	对	21	风管法兰
2	内外圆弧弯头	普通钢板400×400	个	15	风管管件
1	Y型三通	普通钢板400×400	个	1	风管管件
序号	设备名称	型号规格	单位	数量	备注

设 备 材 料 表

图 7.54　设备材料表插入图纸

八、任务评价

姓名			学号			组别		
班级			日期			组长签字		
类别	项目	考核内容	自评	小组评	教师评	总分	评分标准	
理论	基础知识（100分）	会布置风口、风管（25分）						
		会布置轴流风机及风阀（25分）						
		能生成通风工程系统图及转换三维视角（25分）						
		会统计生成材料清单并插入图纸（25分）						
技能	技能目标（60分）	布置风口、风管位置正确、合理（15分）						
		布置轴流风机及风阀正确（15分）						
		生成通风工程系统图及转换三维视角方式正确（15分）						
		统计生成材料清单并插入图纸正确（15分）						
	任务完成质量（30分）	掌握熟练程度（10分）						
		准确及规范度（10分）						
		工作效率或完成任务速度（10分）						
	职业素养（10分）	遵守操作规范，养成良好的制图习惯；尊重他人劳动，不窃取他人成果；遵守课堂秩序；严格执行上机操作秩序规定（10分）						

任务二　多联机图样的绘制

 知识链接

一、多联机设备

(一)室内机布置

选择"多联机设备"→"室内机布置",为室内机选型布置,执行该命令后,弹出对话框,如图7.55所示。

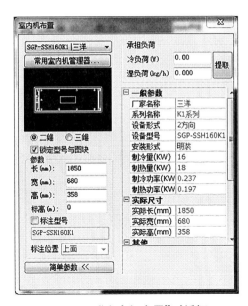

图7.55　"室内机布置"对话框

室内机型号下拉列表提供常用的型号,可通过下面的按钮连接到常用室内机管理器。

室内机所对应图块的长、宽、高尺寸,取自室内机设备库,可手动修改。

标高参数,可手动修改此数据。

锁定、解锁型号与图块,锁定情况下,型号的切换会引起图块的变化,且无法手动选择图块;解锁情况下,型号的切换不会引起图块的变化,且可以手动选择数据库中任意图块。

自动标注型号时,可以选择标注的文字的位置,标注文字大小取自系统设置/绘图设置/文字设置/中文出图字高。

在布置多联机设备时,可以输入设备的承担负荷。

点击提取按钮,可以将承担的负荷数据提取到界面上。

(二)室外机布置

选择"多联机设备"→"室外机布置",为室外机选型布置,执行该命令后,弹出对话框,如图 7.56 所示。

二、管件及阀门

(一)冷媒立管

选择"冷媒立管"工具,执行该命令后,弹出对话框,如图 7.57 所示。

可以修改冷媒立管上下标高、液管气管尺寸和管材等参数。

液管和气管的尺寸通过下拉列表选择。

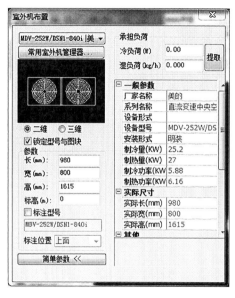

图 7.56 "室外机布置"对话框

图 7.57 "冷媒立管布置"对话框

自动标注编号:勾选后,布置完立管后会自动调用立管标注功能,需指定标注位置。

任意布置:选择任意一个点为基准布置立管。

沿墙布置:可以选择建筑墙、直线、弧线、多段线作为所沿墙体,根据设置的距墙距离进行布置。

墙角布置:可以选择建筑墙的夹角点、直线或弧线的交点作为墙角,根据设置的距墙距离进行布置。

(二)冷媒干管

选择"冷媒干管"工具,执行该命令后,弹出对话框,如图 7.58 所示。

图 7.58　"冷媒干管布置"对话框

(三) 冷凝立管

选择"冷凝立管"工具,执行该命令后,弹出对话框,如图 7.59 所示。

图 7.59　立管布置"冷凝水"对话框

可一次布置多种类型的立管,系统提供三种布置方式,分别是任意布置、沿墙布置、墙角布置。如勾选"自动标注编号",则会在每组立管布置结束后,自动调用立管标注功能,需指定标注位置。

(四) 冷凝干管

选择"冷凝干管"工具,执行该命令后,弹出对话框,如图 7.60 所示。

图 7.60　干管布置"冷凝水"对话框

可一次布置多种类型的干管。系统提供四种布置方式,分别为任意布置、管道端点引出、管道上点引出、立管引出。

(五)分歧管

选择"分歧管"工具,执行该命令后,弹出对话框,如图 7.61 所示。分歧管连接效果见图 7.62。

图 7.61 "分歧管布置"对话框

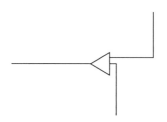

图 7.62 分歧管连接效果

(六)阀门

选择"阀门"工具,执行该命令后,弹出对话框,如图 7.63 所示。

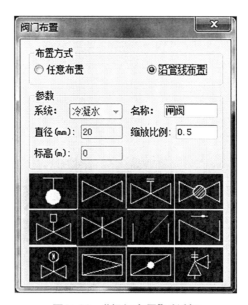

图 7.63 "阀门布置"对话框

该对话框可以修改阀门的名称、直径、缩放比例等参数;布置过程中可以通过命令行实施旋转、翻转操作和缩放功能等。

📋 任务实施

以某小区某单元平面图为例,绘制多联机系统图。

一、室内机室外机布置

注意,更改室内机室外机标高,布置效果如图7.64所示。

二、管件布置

管件布置见图7.65。

三、设备连管

设备连管见图7.66。

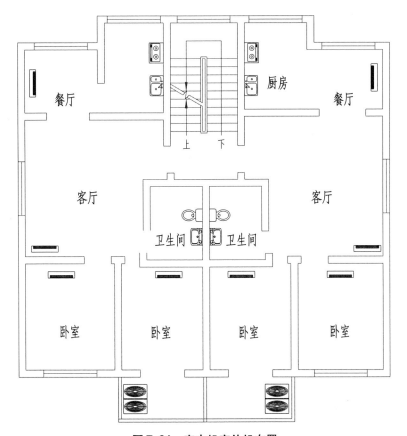

图7.64　室内机室外机布置

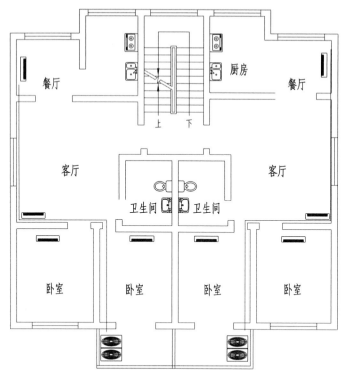

图 7.65　管件布置

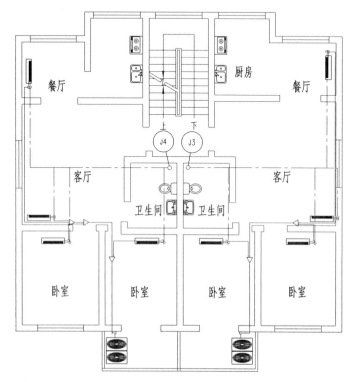

图 7.66　设备连管

四、生成系统图

选择"系统图"工具,选择生成系统图范围,即可生成多联机系统图,如图 7.67 所示。

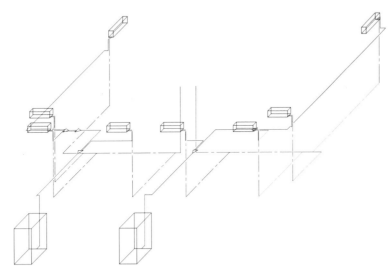

图 7.67 生成多联机系统图

更改视图效果,可查看三维图纸,如图 7.68 所示。

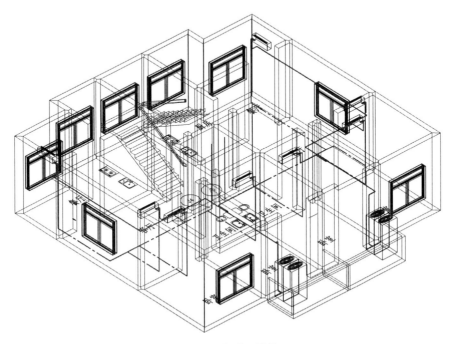

图 7.68 查看三维效果

五、任务评价

姓名			学号			组别	
班级			日期			组长签字	
类别	项目	考核内容	自评	小组评	教师评	总分	评分标准
理论	基础知识（100分）	会进行室内机、室外机布置(25分)					
		能够进行管件布置(25分)					
		能够设备连管(25分)					
		会生成多联机系统图(25分)					
技能	技能目标（60分）	室内机、室外机布置合理(15分)					
		管件布置正确(15分)					
		设备连管方式正确(15分)					
		生成多联机系统图正确(15分)					
	任务完成质量(30分)	掌握熟练程度(10分)					
		准确及规范度(10分)					
		工作效率或完成任务速度(10分)					
	职业素养（10分）	遵守操作规范,养成良好的制图习惯;尊重他人劳动,不窃取他人成果;遵守课堂秩序;严格执行上机操作秩序规定(10分)					

任务三　智能水路图样的绘制

知识链接

空调水系统包括冷(热)水系统和冷却水系统。

冷(热)水系统是指夏季由冷水机组向风机盘管机组、新风机组或组合式空调机组的表冷器(或喷水室)供给 7 ℃/12 ℃的冷水;冬季则由换热站向风机盘管机组、新风机组等供给 60 ℃/50 ℃的热水。

冷却水系统是指冷却塔向冷水机组的冷凝器供给循环冷却水的系统。

空调冷水系统按循环方式分为开式循环系统和闭式循环系统;按供回水制式分为双管制、三管制、四管制供水方式;按供回水的布置方式分为同程、异程;按运行调节方法分为定流量系统、变流量系统。

一、设置

(一)系统设置

系统设置控制通风空调水路对应的管线类型,同时可增加、删除管线类型的种类,如图 7.69 所示。

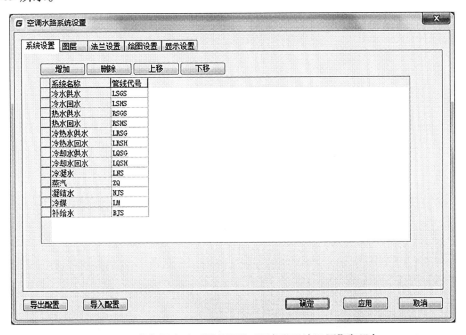

图 7.69　"空调水路系统设置"对话框"系统设置"选项卡

(二)图层

图层对各种类空调水路管线的图层名称、颜色、线型、线宽等参数进行设置、编辑,如图 7.70 所示。

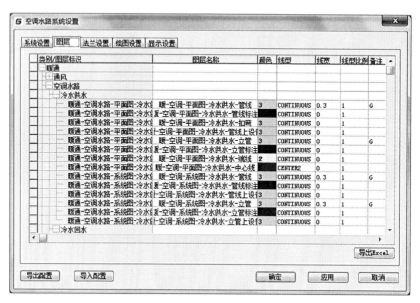

图 7.70 "空调水路系统设置"对话框"图层"选项卡

(三)法兰设置

法兰尺寸设置,对不同直径的管线,可以设置不同的法兰出头量和厚度,设置后只影响新生成的法兰或者在带法兰的实体更新时同步修改法兰,如图 7.71 所示。

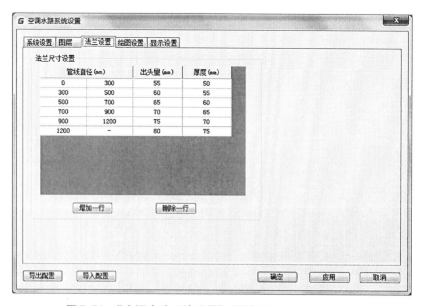

图 7.71 "空调水路系统设置"对话框"法兰设置"选项卡

(四)绘图设置

立/竖管设置:设置绘图时的立管和竖管形式,可以修改出图直径和立管样式(包括双圆、单圆和填充);勾选"是否补齐缺失的立管编号"的情况下,立管布置将会自动优先使用图纸中缺失的编号,不勾选的情况下,会自动使用最大编号。

编号设置:设置立管编号的标注形式(包括圆环式1、圆环式2和引出式1等),设置圆环直径和字体高度。

扣弯设置:设置扣弯的样式(包括弧形和圆形),设置扣弯的出图直径。

比例设置:设置出图比例和绘图比例,出图比例与CAD界面中的出图比例一致。

文字设置:设置一般文字的参数,选择"使用CAD当前字体"时,标注字体默认采用CAD当前设置的字体,选择"使用暖通软件文字样式"时,将默认使用HC_INT文字样式,同时可以通过下拉框设置当前文字样式。

刻度盘设置:设置管线绘制时是否使用刻度盘锁定角度,以及刻度盘的角度间隔。

同类型管线相关设置:选择"自动生成过桥弯"时,可设置生成的过桥弯在平面图下的过桥弯示意直径。

绘图设置如图7.72所示。

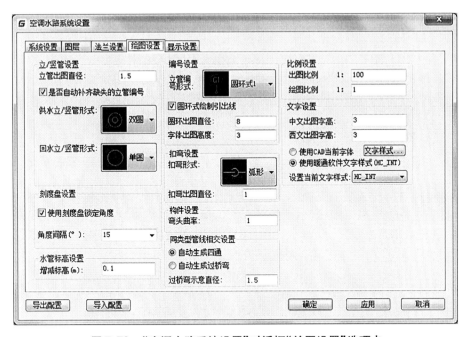

图7.72　"空调水路系统设置"对话框"绘图设置"选项卡

(五)显示设置

中心线显示:设置中心线的显示,如显示水管、弯头、三通等图形的中心线。

自动打断:设置同标高管线发生交叉时,是否根据节点自动打断管线。

遮挡设置:设置不同标高的实体,在俯视图中发生交叉而导致遮挡的情况下,是否显示被遮挡的部分,同时设置遮挡的范围。

显示设置如图 7.73 所示。

图 7.73 "空调水路系统设置"对话框"显示设置"选项卡

二、风机盘管

(一)风机盘管布置

执行该命令后,将弹出对话框,如图 7.74 所示。

风机盘管型号下拉列表提供常用的型号,可通过下面的按钮连接到"常用风机盘管管理器";风机盘管所对应图块的长、宽、高尺寸,取自风机盘管设备库,可手动修改;标高参数,除非手动修改此数据,否则不变化;勾选"标注型号"时,可以选择标注的文字的位置,标注文字大小取自系统设置/绘图设置/文字设置/中文出图字高。

点击"详细参数"命令,对话框如图 7.75 所示。

图7.74　风机盘管布置"简
单参数"对话框

图7.75　风机盘管布置"详细参数"对话框

在布置风机盘管时,可以输入盘管的承担负荷,也可以点击提取按钮,可以将承担的负荷数据提取到界面上。

(二)风机盘管图库

执行该命令后,弹出对话框,如图7.76所示。

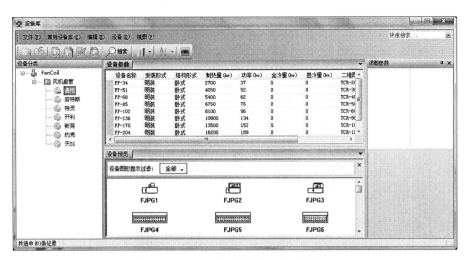

图7.76　风机盘管"设备库"对话框

设备库中显示所有风机盘管的详细参数和显示对应的图块,可以在此处进行数据添加或者修改等处理,也可以制作新图块。

(三)风机盘管连接定义

在设备定义风管连接数据及水管连接点信息,便于风管及水管从设备上引出和水管设备自动连接。

选择定义的图块,"设备连接定义"对话框中可设置风管连接位置、方向、尺寸及水管连接位置方向、管径等;操作时,首先选择水管类型或风管类型,然后图中点取连接点和方向点,管道标高值(指管道或风管中心距设备底部的高度),默认管径或风管尺寸值、最小伸出长度值(图纸尺寸)。

(四)风机盘管负荷分配

功能:分配风机盘管设备的冷(热)负荷。

框选需要进行负荷分配的风机盘管,弹出对话框,如图7.77所示。

图7.77 "风机盘管负荷分配"对话框

选择按型号分配,框选需要分配的盘管后,自动以型号为参考,列出框选风机盘管的所有型号,并统一按型号分配实际负荷。

选择逐个分配,框选需要分配的盘管后,列表形式显示所有盘管,逐个输入实际负荷;逐个分配时可以点击"智能分配"(需要负荷计算自动布置房间编号的支持)自动填写盘管的全冷负荷、显冷负荷、热负荷、房间编号。

三、空调器

(一)空调器布置

功能:空调器选型布置。

执行该命令后,弹出对话框,如图7.78所示。

空调器型号下拉列表提供常用的型号,可通过下面的按钮连接到"常用空调器管理器";空调器所对应图块的长、宽、高尺寸,取自空调器设备库,可手动修改;标高参数,除非手动修改此数据,否则不变化;锁定、解锁型号与图块,锁定情况下,型号的切换会引起图块的变化,且无法手动选择图块,解锁情况下,型号的切换不会引起图块的变化,且可以手动选择数据库中任意图块;勾选"标注型号"时,可以选择标注的文字的位置,标注文字大小取自系统设置/绘图设置/文字设置/中文出图字高。

点击"详细参数"命令,对话框如图 7.79 所示。

图 7.78　"空调器
布置"对话框

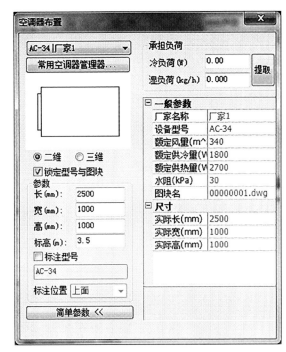

图 7.79　空调器布置"详细参数"对话框

在布置空调器时,可以输入盘管的承担负荷;也可以点击提取按钮,可以将承担的负荷数据提取到界面上。

(二)空调器图库

功能:风机盘管图库的数据管理。

执行该命令后,弹出对话框,如图 7.80 所示。

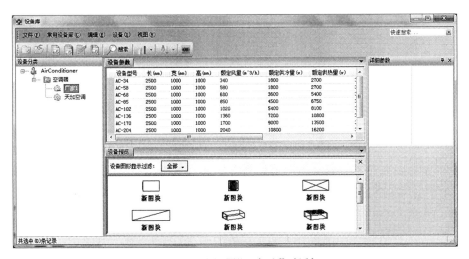

图 7.80　空调器"设备库"对话框

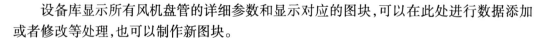

设备库显示所有风机盘管的详细参数和显示对应的图块,可以在此处进行数据添加或者修改等处理,也可以制作新图块。

(三)空调器连接定义

功能:在设备定义风管连接数据及水管连接点信息,便于风管及水管从设备上引出和水管与设备的自动连接。

选择定义的图块,"设备连接定义"对话框中可设置风管连接位置、方向、尺寸及水管连接位置方向、管径等。

定义时,首先选择水管类型或风管类型、图中点取连接点和引出方向、管道标高值(指管道或风管中心距设备底部的高度)、默认管径或风管尺寸值、最小伸出长度值(图纸尺寸),如图 7.81 所示。

图 7.81 "设备连接定义"对话框

(四)空调器负荷分配

功能:分配空调器设备的冷(热)负荷。

框选需要进行负荷分配的空调器,弹出对话框,如图 7.82、图 7.83 所示。

图 7.82 "空调器设备负荷分配"对话框(按型号分配)

选择"按型号分配",框选需要分配的盘管后,自动以型号为参考,列出框选空调器的所有型号,并统一按型号分配实际负荷。

选择"逐个分配",框选需要分配的盘管后,列表形式显示所有盘管,逐个输入实际负荷;逐个分配时可以点击"智能分配"(需要负荷计算自动布置房间编号的支持),自动填写盘管的全热冷负荷、显热冷负荷、热负荷、房间编号。

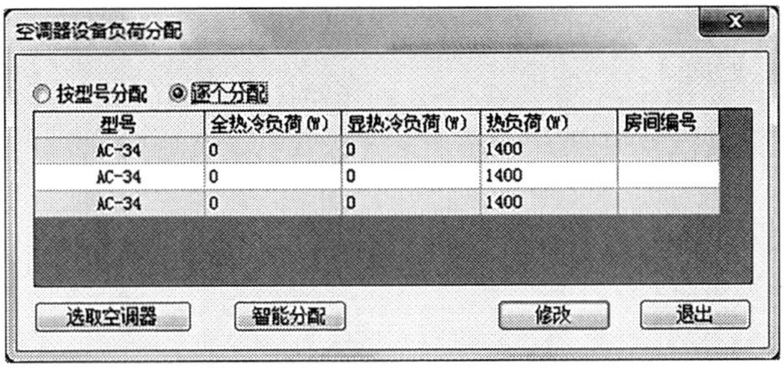

图7.83　"空调器设备负荷分配"对话框(逐个分配)

四、管件及阀门

(一)立管

执行该命令后,弹出对话框,如图7.84所示。

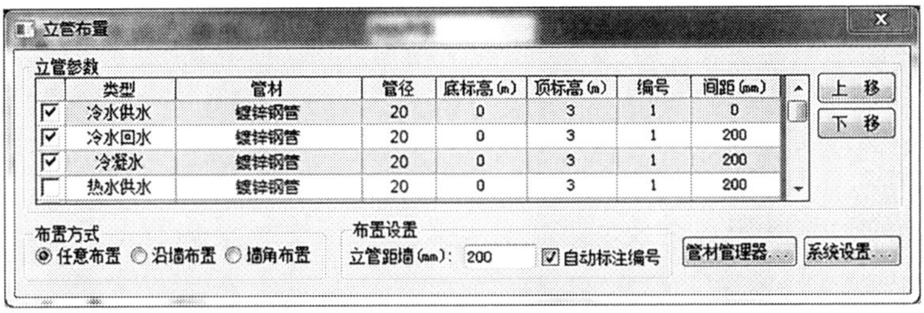

图7.84　"立管布置"对话框

可一次布置多种类型的立管。布置方式有三种,分别是任意布置、沿墙布置、墙角布置;可设置或增加管道类型及更改对应管材、管径、管底标高、管顶标高、编号和多管之间的间距等信息;如勾选"自动标注编号",则会在每组立管布置结束后,自动调用立管标注功能,需指定标注位置。

(二)干管

功能:布置干管。

执行该命令后,弹出对话框,如图7.85所示。

图7.85　"干管布置"对话框

可一次布置多种类型的干管。布置方式有四种,分别是任意布置、管道端点引出、管道上点引出、立管引出;可以设置或增加管道类型及更改对应管材、管径、标高、多管之间的间距等信息,绘制过程中修改标高软件自动生成合适的扣弯进行连接,间距指的是距离基准线的距离,基准线间距为零。

(三)阀门

功能:在任意位置布置阀门,或者沿管线布置阀门。

执行该命令后,弹出对话框,如图 7.86 所示。

该对话框可以修改阀门的名称、直径、缩放比例等参数。

布置过程中可以通过命令实施旋转角度、翻转操作和缩放功能等。

(四)双线管

功能:布置双线水管。

执行该命令后,弹出对话框,如图 7.87 所示。

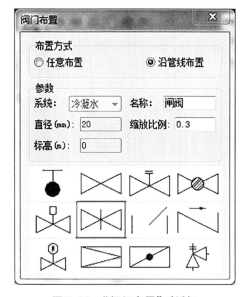

图 7.86 "阀门布置"对话框

图 7.87 "双线管布置"对话框

可以选择布置双线干管或者双线立管,选择连接方式以及具体的管线参数;勾选"距墙距离"后,可以相对辅助线指定偏移距离进行布置。

(五)构件

功能:手动连接、手动替换或者任意布置水管构件,含变径、弯头、三通和四通等。

执行该命令后,弹出对话框,如图 7.88 所示。

下拉"管件类型"可以选择变径、弯头、三通、四通、乙字弯和过桥弯类型。布置方式有三种,分别是手动连接、手动替换、任意布置。操作过程中,请注意命令行提示,根据提示进行操作。

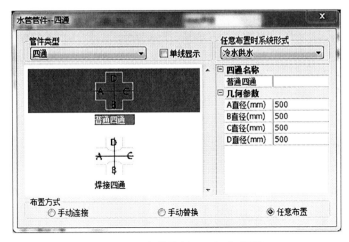

图 7.88　"水管管件—四通"对话框

(六)立管连干管

根据命令行提示,选择立管和干管,选择完成后,会依次根据选择的立管,在选择的干管中查找距离最近的同一系统干管进行连接。

(七)设备连接水管

功能:将图中所选范围的风机盘管与干管自动连接。

根据命令行提示,选择风机盘管和需要连接的干管,连接后的效果图如图 7.89 所示。

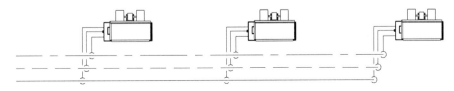

图 7.89　设备连接水管

在立管和干管连接处可以看到有断线处理,同时生成扣弯。

(八)设备连接风管

功能:将图中所选范围的风机盘管与风管自动连接。

根据命令行提示,选择风机盘管和需要连接的风管,连接后的效果图如图 7.90 所示。

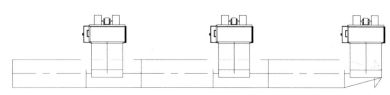

图 7.90 设备连接风管

(九)管材、管径管理

功能:编辑管材、管径的名称和详细参数。

执行该命令后,弹出对话框,如图 7.91 所示。

图 7.91 "管材管径管理器"对话框

任务实施

以图7.92建筑平面图为例,绘制空调水路系统图。

一、风机盘管布置

选择"智能水路"→"风机盘管"→"风机盘管布置",选择机型,在图纸中进行布置,效果如图7.93所示。

软件提供多个厂家以及多种型号的风机盘管,根据需要进行选型布置,也可以自行添加厂家及型号。确定设备型号放置到图面上,对于已经布置完成的风机盘管,软件支持镜像、复制等操作。

二、管道绘制

选择"智能水路"→"干管"选项,选择需要绘制的管线类型并根据需要修改相应参数,在图中进行绘制。

三、管道连接

选择"智能水路"→"设备连接水管",按照提示,选择需要连接的风机盘管和水管,即可完成空调水管与风机盘管的自动连接,效果如图7.94所示,注意删除多余管路。

四、布置阀门

选择"智能水路"→"阀门"选项,根据需要在合适位置布置阀门。

五、系统图

选择"智能水路"→"系统图"选项,根据提示进行选择后,即可生成系统图,效果如图7.95所示。

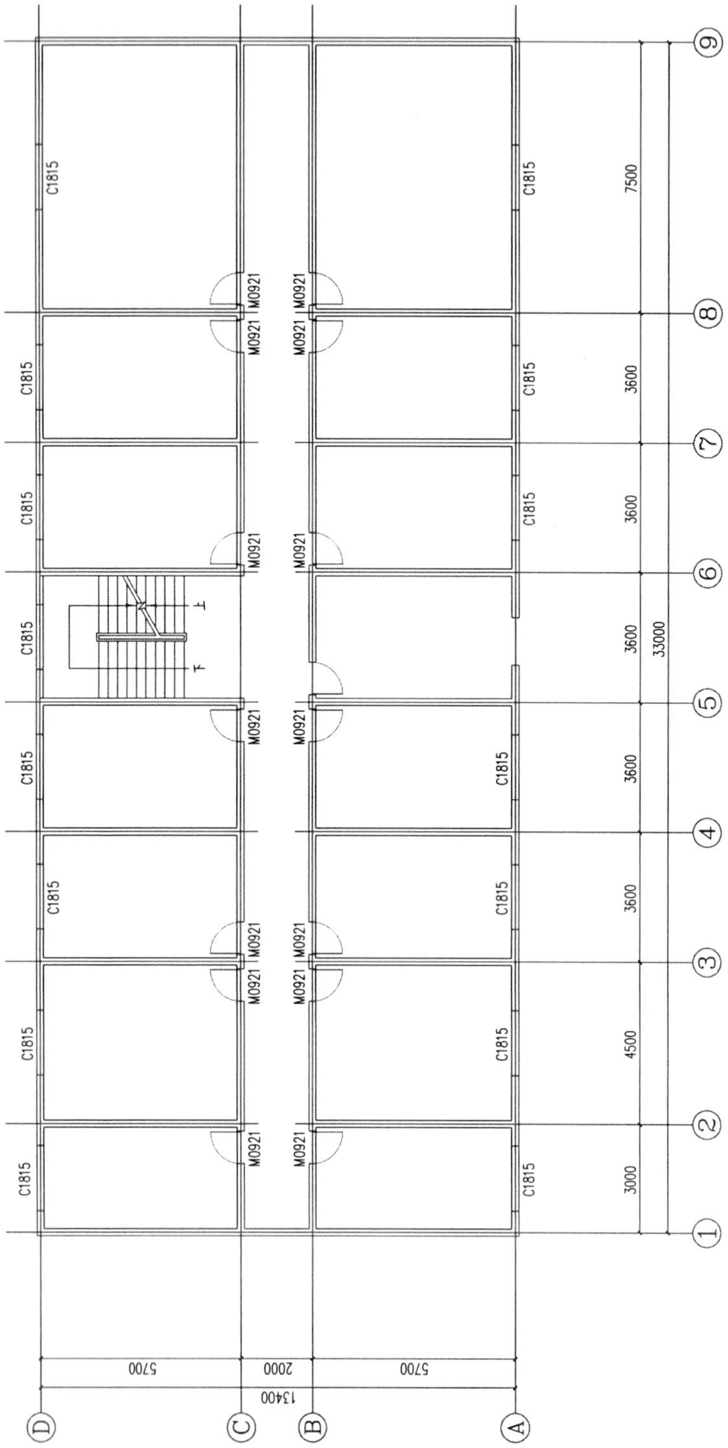

图 7.92　建筑平面图

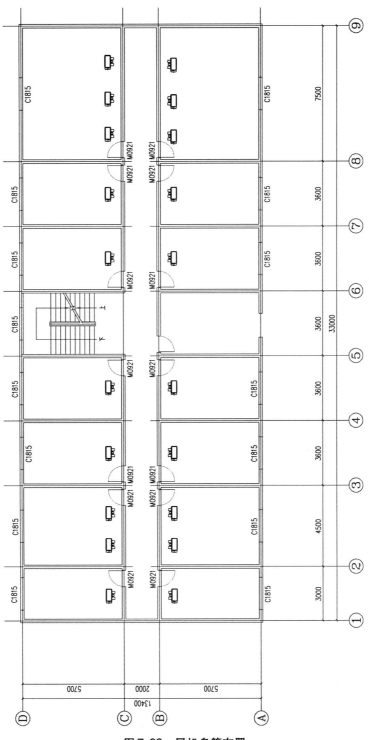

图7.93 风机盘管布置

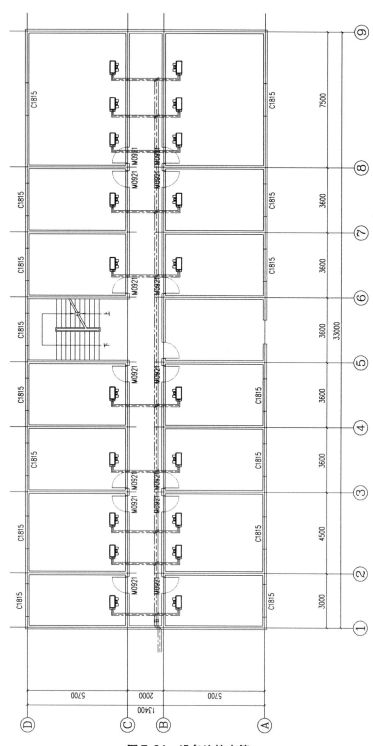

图7.94 设备连接水管

图 7.95　生成系统图

六、材料统计

选择"智能水路"→"材料表"→"材料表统计",弹出如图 7.96 所示对话框。

图 7.96　"材料表统计"对话框

点击图面选取功能,按照提示在图中选取需要统计材料的范围,系统将自动将材料统计完成,如图 7.97 所示。

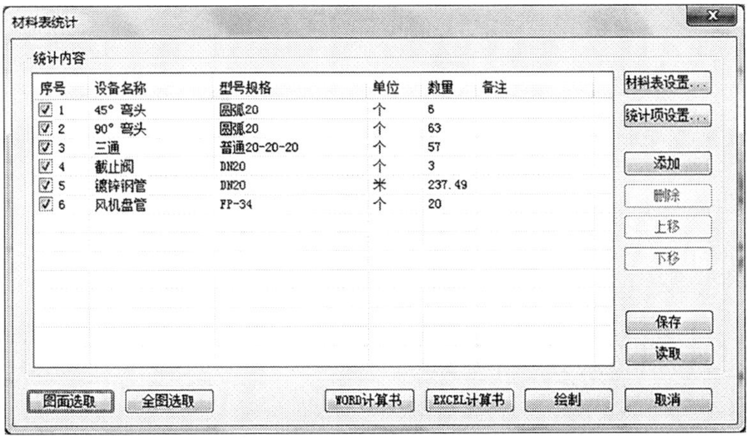

图 7.97　材料表统计结果

可通过"WORD 计算书"选项,将统计内容以 Word 计算书的形式输出。也可通过"EXCEL 计算书",将统计内容以 Excel 计算书的形式输出。

暖通 CAD

选择"绘制"选项,按照提示,只需要在图中指定表格插入点,即可将统计结果直接生成到 CAD 图纸中。

七、任务评价

姓名			学号			组别		
班级			日期			组长签字		
类别	项目	考核内容	自评	小组评	教师评	总分	评分标准	
理论	基础知识 （100分）	会进行风机盘管布置（25分）						
		会进行管道绘制及连接（25分）						
		能够布置阀门并生成系统图（25分）						
		能够进行材料统计（25分）						
技能	技能目标（60分）	风机盘管布置准确、合理（15分）						
		管道绘制及连接准确、合理（15分）						
		布置阀门并生成系统图方式正确（15分）						
		材料统计方式正确（15分）						
	任务完成质量（30分）	掌握熟练程度（10分）						
		准确及规范度（10分）						
		工作效率或完成任务速度（10分）						
	职业素养（10分）	遵守操作规范,养成良好的制图习惯;尊重他人劳动,不窃取他人成果;遵守课堂秩序;严格执行上机操作秩序规定（10分）						

项目小结

1. 风管参数的输入,可以输入风管类型、风管材料、截面形状、风量和截面尺寸,也可以设置风管的标高、斜风管的升降角度和对齐方式。

2. 沿墙布置,勾选沿墙布置后可以设置距墙距离,进行沿墙布置,距墙距离的定义为当前风管水平对齐边(左侧、中心或右侧)距离墙体的距离。

3. 软件提供风阀的两种布置方式:任意布置和沿风管布置。任意布置时,可以自由地选择风阀的系统、角度和尺寸、标高;沿风管布置时,只能将风阀布置在风管上,并且只能设置长度,其余尺寸和参数将通过所布置的风管进行读取。

4. 轴流风机型号、名称等参数均可手动指定,同时轴流风机与风管连接处的软接头和天圆地方等局部构件,也可通过该功能自动计算和生成。

5. 冷(热)水系统是指夏季由冷水机组向风机盘管机组、新风机组或组合式空调机组的表冷器(或喷水室)供给 7 ℃/12 ℃ 的冷水;冬季则由换热站向风机盘管机组、新风机组等供给 60 ℃/50 ℃ 的热水。

6. 冷却水系统是指冷却塔向冷水机组的冷凝器供给循环冷却水的系统。

项目测评

一、在图 7.98 某建筑平面图的基础上完成通风布置

具体要求如下:

1. 在各个房间布置送风风口,要求长 500 mm,宽 500 mm,厚 100 mm,标高 2.6 m,且每个房间的风口处于房间中心位置,最右侧两个大房间,要求各布置两个风口。

2. 布置主风管,要求风管类型为送风,材料为镀锌钢板,截面形状矩形,风量 4000 m³/h,截面宽 500 mm,截面厚 320 mm,中心线标高 2.9 m。

3. 风口连管,采用间接连管,支风管尺寸随风口。

4. 在合适位置添加风阀,布置方式为沿风管布置;送风,止回阀,要求每个房间能单独控制是否送风。

5. 生成系统图,绘制在建筑图右侧。

6. 材料表统计,绘制在建筑图右侧。

二、在图 7.99 某建筑平面图的基础上完成空调水路系统布置

具体要求如下:

1. 在各个房间布置风机盘管,要求风机盘管型号为 FP-51,长 700 mm,宽 400 mm,高 200 mm,标高 2.8 m,每个房间至少有一个风机盘管,最右侧两个大房间,至少有两台,所

有风机盘管位置靠近墙体且靠近走廊。

2. 绘制干管,要求冷水供水、回水管材为镀锌钢管,管径为 25 mm,标高为 2.7 m,冷凝水管管径 20 mm,标高 2.7 m,布置位置在走廊上方且靠近一侧墙体。

3. 设备连接水管,注意删除多余管路。

4. 在合适位置布置阀门。

5. 生成系统图,绘制在建筑图右侧。

三、绘制空调平面图

要求:以图 7.100 为底图,在卧室 1、卧室 2、卧室 3、家庭室布置空调,并在空调旁边布置空调插座;每个房间布置一台空调室内机;每个房间的室外飘台布置一台空调室外机;每个房间的空调室外机飘台安装 φ50 侧排地漏;冷媒管为红色直线绘制;冷凝管为绿色直线绘制;冷凝管接地漏;空调室内机与空调室外机合理连接;冷凝管和冷媒管穿墙位置设置墙身孔,墙身孔的厚度为墙体厚度。

四、绘制空调风系统平面图

要求:以图 7.101 为底图,已有一间房间布置了新风系统和风机盘管,请完成粗线区域房间的新风系统和风机盘管系统;新风系统包括送风管线布置和回风管线布置;每个房间至少布置一个回风口,每个房间至少布置一个送风口;将风口与风管合理连接;每个房间至少布置一台风机盘管;需体现风管截面尺寸随连接风口数目增加而增大;合理布置风阀。

图 7.98 ~ 图 7.101

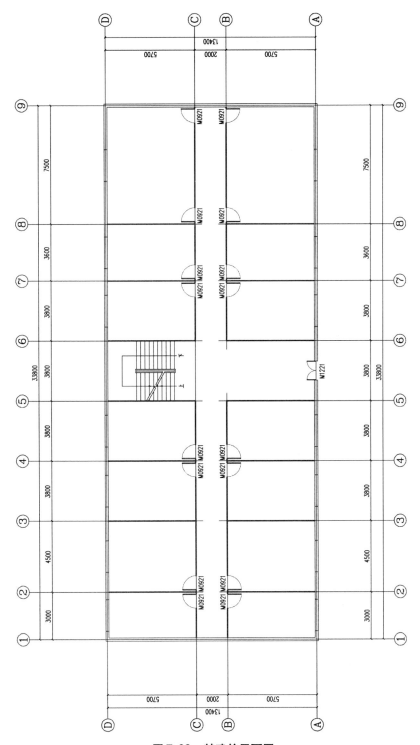

图 7.98 某建筑平面图

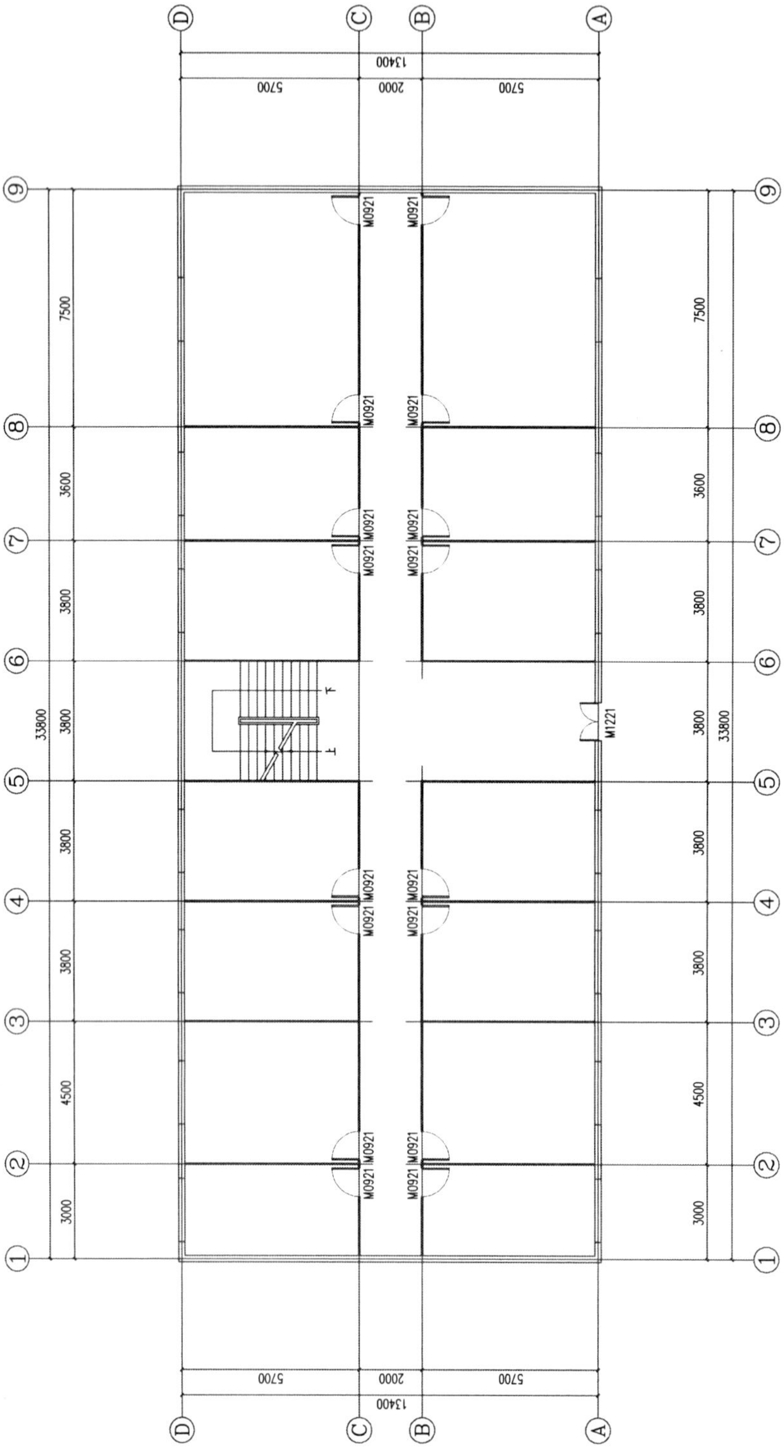

图 7.99 某建筑平面图

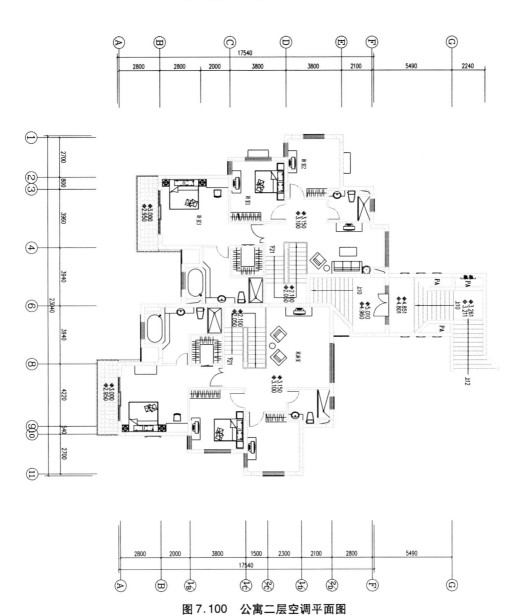

图7.100　公寓二层空调平面图

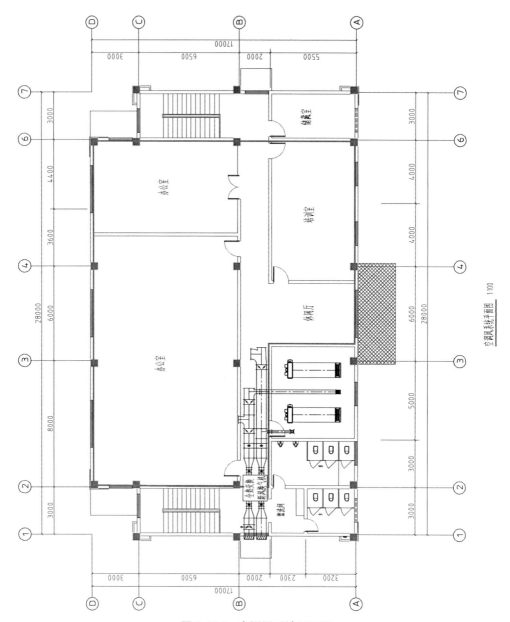

图 7.101 空调风系统平面图

302

项目八　标注与输出

学习目标

知识目标

了解不同种类的尺寸标注方法。

了解图纸的打印设置方法。

知道图纸输出与打印的技巧和作用。

技能目标

能够进行文字样式设置。

会单行文字和多行文字的应用。

会修改尺寸标注。

能够正确打印图形文件。

可以将图纸转换输出为其他格式文件。

情感目标

引导学生注重细节,培养精益求精的精神,确保标注准确,输出完美。

使学生在完成标注与输出的工作中体会到严谨认真带来的职业成就感。

任务一　文字、尺寸标注

知识链接

一、文字

(一)文字样式

此命令为浩辰自定义文字样式的组成,设定中、西文字体各自的参数。

选择"文字表格"→"文字样式",弹出对话框,如图8.1所示。

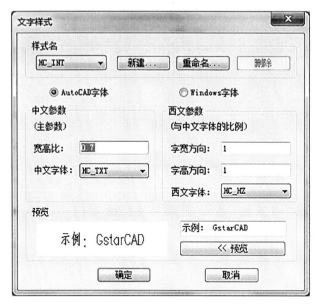

图8.1 "文字样式"对话框

可以新建文字样式,给文件样式赋予新名称;其中"Windows 字体"是指使用 Windows 的系统字体(如"宋体"等),包含中文和英文,但只需设置中文参数即可;"AutoCAD 字体"可以分别控制中、英文字体的宽度和高度;"宽高比"表示中文字宽与中文字高之比;"字宽方向"表示西文字宽与中文字宽的比;"字高方向"表示西文字高与中文字高的比。可通过"预览"使新字体参数生效,浏览编辑框内文字以当前字体显示的效果。

(二)单行文字

本命令使用已经建立的浩辰文字样式,可输入单行文字,可以方便地为文字设置上下标、加圆圈、添加特殊符号,导入专业词库内容。单击"单行文字"选项,显示对话框如图 8.2 所示。

图8.2 "单行文字"对话框

其中,勾选"背景屏蔽"选项后,文字可以遮盖背景,屏蔽作用随文字移动存在。

(三)多行文字

本命令使用已经建立的浩辰文字样式,按段落可以输入多行中文文字,可以方便设定页宽与硬回车位置,并随时拖动夹点改变页宽。单击"多行文字"选项,显示对话框如图 8.3 所示。

图 8.3 "多行文字"对话框

"多行文字"允许硬回车,也可以由页宽控制段落的宽度;"行距系数"与 AutoCAD 的 MTEXT 中的行距有所不同,本系数表示的是行间的净距,单位是当前的文字高度,比如"1"为两行间相隔一空行,本参数决定整段文字的疏密程度;"字高<"是以毫米单位表示的打印出图后实际文字高度,已经考虑当前比例;"对齐方式"决定了文字段落的对齐方式,有左对齐、右对齐、中心对齐、两端对齐四种对齐方式。

多行文字对象设有两个夹点,左侧的夹点用于整体移动,而右侧的夹点用于拖动改变段落宽度,当宽度小于设定时,多行文字对象会自动换行,而最后一行的结束位置由该对象的对齐方式决定,如图 8.4 所示。

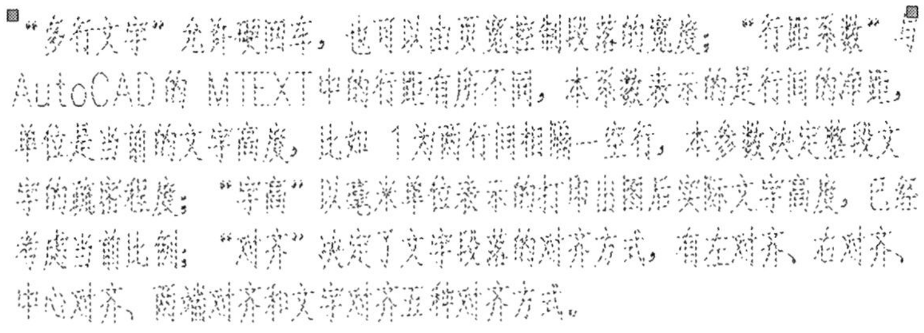

"多行文字"允许硬回车,也可以由页宽控制段落的宽度;"行距系数"与 AutoCAD的 MTEXT中的行距有所不同,本系数表示的是行间的净距,单位是当前的文字高度,比如 1为两行间相隔一空行,本参数决定整段文字的疏密程度;"字高"以毫米单位表示的打印出图后实际文字高度,已经考虑当前比例;"对齐"决定了文字段落的对齐方式,有左对齐、右对齐、中心对齐、两端对齐和文字对齐五种对齐方式。

图 8.4 多行文字左右夹点

(四) 文字其他功能

1. 专业词库

"专业词库"提供一些常用的建筑专业词汇和多行文字段落随时插入图中,词库还可在各种符号标注命令中调用。词汇可以在文字编辑区进行内容修改。单击"专业词库"选项后,显示对话框,在其中可以输入和输出词汇、多行文字段落等,如图 8.5 所示。

图8.5 "专业词库"对话框

2.转角自纠

本命令用于翻转调整图中单行文字的方向,符合制图标准对文字方向的规定,可以一次选取多个文字一起纠正。选择"转角自纠"选项,其文字即按国家标准规定的方向作了相应的调整,效果如图8.6所示。

图8.6 转角自纠效果对比

3.统一字高

本命令可以将浩辰文字的文字字高按给定尺寸进行统一。选择"统一字高"选项后,命令行提示如下。

命令:IcEqualTextHeight
请选择要统一字高的文字<退出>:指定对角点:找到 7 个
请选择要统一字高的文字<退出>:
请输入字高<3.5 mm>:4
即可完成统一字高命令。

二、尺寸标注

(一)快速标注

本命令特别适用于选取平面图后快速标注外包尺寸线。

(二)逐点标注

本命令是一个通用的灵活标注工具,对选取的一串给定点沿指定方向和选定的位置标注尺寸,特别适用于没有指定浩辰对象特征,需要取点定位标注的情况,以及其他标注命令难以完成的尺寸标注。

逐点标注效果如图8.7所示。

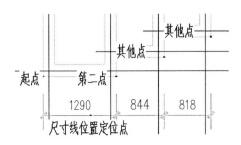

图8.7　逐点标注效果

(三)半径标注

本命令在图中标注弧线或圆弧墙的半径,尺寸文字容纳不下时,会按照制图标准规定,自动引出标注在尺寸线外侧。图8.8为两个半径标注实例。

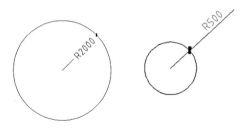

图8.8　半径标注实例

(四)直径标注

本命令在图中标注弧线或圆弧墙的直径,尺寸文字容纳不下时,会按照制图标准规定,自动引出标注在尺寸线外侧。图8.9为两个直径标注实例。

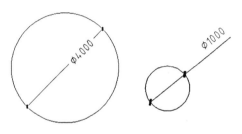

图8.9　直径标注实例

（五）角度标注

本命令按逆时针方向标注两根直线之间的夹角，注意按逆时针方向选择要标注的直线的先后顺序。

图 8.10 为两个角度标注实例，注意选取直线顺序不同的标注效果。

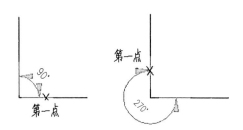

图 8.10　角度标注实例

（六）弧长标注

本命令以国家建筑制图标准规定的弧长标注画法分段标注弧长，保持整体的一个角度标注对象。

弧长标注实例如图 8.11 所示。

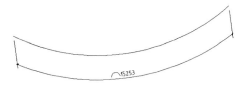

图 8.11　弧长标注实例

（七）弦长标注

本命令以国家建筑制图标准规定的弦长标注画法分段标注弦长。弦长标注实例如图 8.12 所示。

图 8.12　弦长标注实例

（八）其他功能

1. 文字复值

本命令将尺寸标注中被有意修改的文字恢复回尺寸的初始数值。有时为了方便起见，会把其中一些标注尺寸文字加以改动，为了校核或提取工程量等需要尺寸和标注文字一致的场合,可以使用本命令按实测尺寸恢复文字的数值。

2.裁剪延伸

本命令是在尺寸线的某一端,按指定点裁剪或延伸该尺寸线。本命令综合了"Trim"(剪裁)和"Extend"(延伸)两命令,自动判断对尺寸线的裁剪或延伸。

3.取消尺寸

本命令删除浩辰标注对象中指定的尺寸线区间,如果尺寸线共有奇数段,"取消尺寸"命令删除中间段会把原来标注对象分为两个相同类型的标注对象。因为浩辰标注对象是由多个区间的尺寸线组成的,用"Erase"(删除)命令无法删除其中某一个区间,必须使用本命令完成。

4.连接尺寸

本命令连接两个独立的浩辰自定义直线或圆弧标注对象,将点取的两尺寸线区间段加以连接,原来的两个标注对象合并成为一个标注对象,如果准备连接的标注对象尺寸线之间不共线,连接后的标注对象以第一个点取的标注对象为主标注尺寸对齐。

5.尺寸打断

本命令把整体的浩辰自定义尺寸标注对象在指定的尺寸界线上打断,成为两段互相独立的尺寸标注对象,可以各自拖动夹点、移动和复制。

6.合并区间

合并区间新增加了一次框选多个尺寸界线箭头的命令交互方式,可大大提高合并多个区间时的效率。

7.等分区间

本命令用于等分指定的尺寸标注区间,类似于多次执行"增补尺寸"命令,可提高标注效率。

8.等式标注

本命令对指定的尺寸标注区间尺寸自动按等分数列出等分公式作为标注文字,除不尽的尺寸保留一位小数。

9.对齐标注

本命令用于一次按 Y 向坐标对齐多个尺寸标注对象,对齐后各个尺寸标注对象按参考标注的高度对齐排列。

10.增补尺寸

本命令在一个浩辰自定义直线标注对象中增加区间,增补新的尺寸界线断开原有区间,但不增加新标注对象,双击尺寸标注对象即可进入本命令。

11.切换角标

本命令把角度标注对象在角度标注、弦长标注与弧长标注三种模式之间切换。

12.尺寸转化

本命令将 ACAD/ICAD 尺寸标注对象转化为浩辰标注对象。

13.尺寸自调

本命令控制尺寸线上的标注文字拥挤时,是否自动进行上下移位调整,可来回反复切换,自调开关(包括自动上调、自动下调、自调关)的状态影响各标注命令的结果。

14. 自动上调(自动下调、自调关)

自调方式可在自动上调、自动下调、自调关三种模式下切换。

任务实施

一、创建文字样式

要求字体为"仿宋",文字高度为10,宽度比例为0.7,效果如图8.13所示。

空调机房平面布置图1:100

图8.13　平面图标题

二、多行文字

使用多行文字创建如图8.14所示的空调机房平面图图注,其中要求文字采用"仿宋",文字的字高为5,行距系数0.4,页宽80,宽度比例为1。

注:
1.所有风机盘管的阀门及相关附件
安装见风机盘管管路安装示意图,
盘管底标高均与主梁梁底等高。
2.风机盘管供回水管均为DN32。
3.与风机盘管相连的凝水水管坡度
不小于0.01。

图8.14　标注多行文字

三、尺寸标注

对图8.15进行尺寸标注。

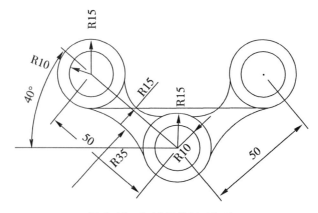

图8.15　机械部件尺寸标注

四、任务评价

姓名			学号			组别		
班级			日期			组长签字		
类别	项目	考核内容	自评	小组评	教师评	总分	评分标准	
理论	基础知识（100分）	会使用标注工具(25分)						
		能根据实际情况选择相应的尺寸标注工具（25分）						
		会设置字体宽高比（25分）						
		会设置行间距、页宽等其他参数(25分)						
技能	技能目标（60分）	正确使用标注工具（15分）						
		尺寸标注文字、箭头大小合理、正确(15分)						
		设置字体宽高比正确（15分）						
		设置行间距、页宽等参数正确(15分)						
	任务完成质量(30分)	掌握熟练程度(10分)						
		准确及规范度(10分)						
		工作效率或完成任务速度(10分)						
	职业素养（10分）	遵守操作规范,养成良好的制图习惯;尊重他人劳动,不窃取他人成果;遵守课堂秩序;严格执行上机操作秩序规定(10分)						

任务二　输出与打印

暖通空调 CAD 图纸绘制完成后,需要打印输出,即打印成图纸供使用。此外 CAD 图形还可以输出为其他格式电子数据文件(如 PDF 格式文件、JPG 和 BMP 格式图形文件等),供 Word 文档使用,方便规划方案编制,实现 CAD 图纸与 Word 文档互通共享。

知识链接

一、图形打印设置

CAD 图形打印设置,通过"打印−模型"对话框(图 8.16)进行。

图 8.16　"打印−模型"对话框

(一)启动方法

启动该对话框有如下几种方法:

(1)打开"文件"下拉菜单,选择"打印"命令选项。

(2)在"标准"工具栏上单击"打印"命令图标。

(3)在命令行提示下直接输入"PLOT"命令。

(4)使用命令按键,即同时按下"Ctrl"和"P"按钮键。

(5)使用快捷菜单命令,即在"模型"选项卡或"布局"选项卡上单击鼠标右键,在弹出的菜单中单击"打印",如图 8.17 所示。

图 8.17 快捷菜单启动打印命令

执行上述操作后,将弹出"打印-模型"对话框。

(二)页面设置

"页面设置"对话框的标题显示了当前布局的名称。列出图形中已命名或已保存的页面设置,可以将图形中保存的命名页面设置作为当前页面设置,也可以在"打印"对话框中单击"添加",基于当前设置创建一个新的命名页面设置。

若使用与前一次相同的打印方法(包括打印机名称、图幅大小、比例等),可以选择"上一次打印"或选择"输入"后在文件夹中选择保存的图形页面设置,如图 8.18 所示。

图 8.18 选择"上一次打印"或者"输入"

也可以添加新的页面设置,如图 8.19 所示。

图 8.19 添加新页面设置

1.打印机/绘图仪

打印机/绘图仪在 AutoCAD 中,非系统设备称为绘图仪,Windows 系统设备称为打印机。

该选项是指定打印布局时使用已配置的打印设备。如果选定绘图仪不支持布局中选定的图纸尺寸,将显示警告,可以选择绘图仪的默认图纸尺寸或自定义图纸尺寸。打开下拉列表,其中列出可用的 pc3 文件或系统打印机,可以从中进行选择,以打印当前布局。设备名称前面的图标识别其为 pc3 文件还是系统打印机,如图 8.20 所示。pc3 文件是指 AutoCAD 将有关介质和打印设备的信息存储在配置的打印文件(pc3)中的文件类型。

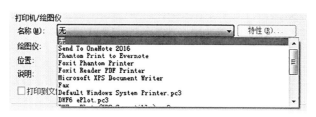

图 8.20　选择打印设备

右侧"特性"按钮是显示绘图仪配置编辑器(pc3 编辑器),从中可以查看或修改当前绘图仪的配置、端口、设备和介质设置,如图 8.21 所示。如果使用"绘图仪配置编辑器"更改 pc3 文件,将显示"修改打印机配置文件"对话框。

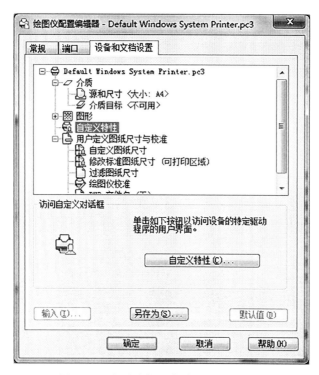

图 8.21　查看或修改当前绘图仪的设置

2.打印到文件

打印输出到文件而不是绘图仪或打印机。打印文件的默认位置是在"选项"对话框
→"打印和发布"选项卡→"打印到文件操作的默认位置"中指定的。如果"打印到文件"
选项已打开,单击"打印"对话框中的"确定"将显示"打印到文件"对话框(标准文件浏览
对话框),文件类型为"＊.plt"格式,如图8.22所示。

图8.22　打印到文件

3.局部预览

在对话框约中间位置,局部预览是精确显示相对于图纸尺寸和可打印区域的有效打
印区域,提示显示图纸尺寸和可打印区域。若图形比例大,打印边界超出图纸范围,局部
预览将显示红线。

4.图纸尺寸

显示所选打印设备可用的标准图纸尺寸,如图8.23所示。如果未选择绘图仪,将显
示全部标准图纸尺寸的列表以供选择。如果所选绘图仪不支持布局中选定的图纸尺
寸,将显示警告,可以选择绘图仪的默认图纸尺寸或自定义图纸尺寸,页面的实际可打印
区域取决于所选打印设备和图纸尺寸。

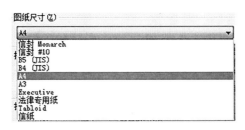

图8.23　选择图纸尺寸

5.打印区域

在"打印范围"下,可以选择要打印的图形区域。

（1）图形界限

选择图形界限打印时，意味着打印输出将仅包含在这个预先设定的界限范围内的图形内容。使用"图形界限"作为打印区域选项，有助于提高打印的准确性和效率，避免不必要的纸张浪费和输出混乱。

（2）范围

打印包含对象图形的部分当前空间，当前空间内的所有几何图形都将被打印。打印之前，可能会重新生成图形以重新计算范围。

（3）显示

打印选定的"模型"选项卡当前视口中的视图或布局中的当前图纸空间视图。

（4）视图

打印先前通过 VIEW 命令保存的视图，可以从列表中选择命名视图。如果图形中没有已保存的视图，此选项不可用。选中"视图"选项后，将显示"视图"列表，列出当前图形中保存的命名视图，可以从此列表中选择视图进行打印。

（5）窗口

打印指定的图形部分。如果选择"窗口"，"窗口"按钮将称为可用按钮。单击"窗口"按钮以使用定点设备指定要打印区域的两个角点，或输入坐标值。这种方式最为常用。

6. 打印份数

指定要打印的份数，从 1 份至多份，份数无限制。若是打印到文件时，此选项不可用。

7. 打印比例

根据需要，对图形打印比例进行设置。一般地，在绘图时图形是以毫米（mm）为单位，按 1∶1 绘制的，即设计大的图形长 1 m（1000 mm），绘制时绘制 1000 mm。因此，打印是可以使用任何需要的比例进行打印，包括按布满图纸范围打印、自行定义打印比例大小。

8. 打印偏移

根据"指定打印偏移时相对于"选项（"选项"对话框，"打印和发布"选项卡）中的设置，指定打印区域相对于可打印区域左下角或图纸边界的偏移。"打印"对话框的"打印偏移"区域显示了包含在括号中的指定打印偏移选项。图纸的可打印区域由所选输出设备决定，在布局中以虚线表示。修改为其他输出设备时，可能会修改可打印区域。

通过在"X 偏移"和"Y 偏移"框中输入正值或负值，可以偏移图纸上的几何图形。图纸中的绘图仪单位为英寸或毫米，如图 8.24 所示。

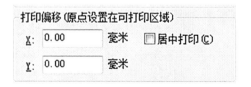

图 8.24　打印偏移设置

①居中打印。自动计算 X 偏移和 Y 偏移值,在图纸上居中打印。当"打印区域"设置为"布局"时,此选项不可用。

②X 方向。相对于"打印偏移定义"选项中的设置指定 X 方向上的打印原点。

③Y 方向。相对于"打印偏移定义"选项中的设置指定 Y 方向上的打印原点。

9. 预览

单击对话框左下角的"预览"按钮,也可以按执行 PREVIEW 命令时,系统将在图纸上以打印的方式显示图形打印预览效果。要退出打印预览并返回"打印"对话框,请按 Esc 键,然后按 Enter 键,或单击鼠标右键,然后单击快捷菜单上的"退出"。

10. 其他选项简述

在其他选项中,最为常用的是"打印样式表(画笔指定)"和"图形方向"。

①打印样式表。"打印样式表(画笔指定)"即设置、编辑打印样式表,或者创建新的打印样式表。

"名称(无标签)"一栏显示指定给当前"模型"选项卡或"布局"选项卡的打印样式表,并提供当前可用的打印样式表的列表。如果选择"新建",将显示"添加打印样式表"向导,可用来创建新的打印样式表。显示的向导取决于当前图形是处于颜色相关模式还是处于命名模式。一般地,要打印为黑白颜色的图纸,选择其中的"monochrome. ctb"即可;要按图面显示的颜色打印,选择"无"即可。

编辑按钮显示"打印样式表编辑器",从中可以查看或修改当前指定的打印样式表中的"打印样式"。

②图形方向。图形方向是为支持纵向或横向的绘图仪指定图形在图纸上的打印方向,图纸图标代表所选图纸的介质方向,字母图标代表图形在图纸上的方向。

纵向放置并打印图形,使图纸的短边位于图形页面的顶部;横向放置并打印图形,使图纸的长边位于图形页面的顶部。

二、输出其他格式图形文件

(一)输出为 PDF 格式图形文件

PDF 格式数据文件是指 Adobe 便携文档格式(portable document format,PDF)文件。PDF 是进行电子信息交换的标准,可以轻松分发 PDF 文件,以在 Adobe Readeder 软件(注:Adobe Reader 软件可从 Adobe 网站免费下载获取)中查看和打印。此外,使用 PDF 文件的图形,不需安装 AutoCAD 软件,可以与任何人共享图形数据信息,浏览图形数据文件输出图形数据 PDF 格式文件方法如下:

在命令提示下,输入"PLOT"启动打印功能。

在"打印"对话框的"打印机/绘图仪"下的"名称"框中,从"名称"列表中选择"DWG To PDF. pc3"配置,如图 8.25 所示。可以通过指定分辨率来自定义 PDF 输出。在绘图仪配置编辑器中的"自定义特性"对话框中,可以指定矢量和光栅图像的分辨率,分辨率的范围为 150 ~ 4800 dpi(最大分辨率)。

根据需要为 PDF 文件选择打印设置,包括图纸尺寸、比例等,然后单击"确定"。

打印区域通过"窗口"选择图形输出范围。

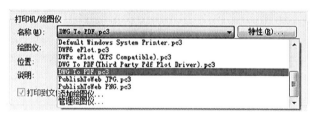

图 8.25　选择"DWG To PDF.pc3"

在"浏览打印文件"对话框中,选择一个位置并输入 PDF 文件的文件名。最后单击"保存",即可得到"＊.pdf"为后缀的 PDF 格式图形文件。

(二)输出为 JPG ／ BMP 格式图形文件

输出 JPG 格式光栅文件方法:

①在命令提示下,输入"PLOT"启动打印功能。

②在"打印"对话框的"打印机/绘图仪"下,在"名称"框中,从列表中选择光栅格式配置绘图仪为"PublishToWeb JPG.pc3",如图 8.26 所示。

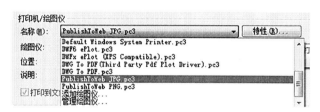

图 8.26　选择"PublishToWeb JPG.pc3"

③根据需要为光栅文件选择打印设置,包括图纸尺寸、比例等,然后单击"确定"。系统可能会弹出"绘图仪配置不支持当前布局的图纸尺寸"之类的提示,此时可以选择其中任一个进行打印。例如选择"使用自定义图纸尺寸并将其添加到绘图仪配置",然后可以在图纸尺寸列表中选择合适的尺寸。

④打印区域通过"窗口"选择输出 JPG 格式文件的图形范围。

⑤在"浏览打印文件"对话框中,选择一个位置并输入光栅文件的文件名,然后单击"保存"。

(三)输出 BMP 格式光栅文件方法

打开"文件"下拉菜单,选择"输出"命令选项。

在"输出数据"对话框中,选择一个位置并输入光栅文件的文件名,然后在文件类型中选择"位图(＊.bmp)",接着单击"保存"。

三、CAD 图形应用到 Word 文档

(一)使用"PrtSc"按键复制应用到 Word 文档中

CAD 绘制完图形后,使用 ZOOM 功能命令将要使用的图形范围放大至充满整个屏幕区域。

按下键盘上的 PrtSc 按键,将当前计算机屏幕上所有显示的图形复制到 Windows 系统的剪贴板;然后切换到 Word 文档窗口中,单击右键,在快捷键上选择"粘贴"或按"Ctrl+V"组合键,图形图片即可复制到 Word 文档光标位置。

在 Word 文档窗口中,单击图形图片,在"格式"菜单下选择图形工具的"裁剪"。

将光标移动至图形图片处,单击光标拖动即可进行裁剪。

移动光标至图形图片另外边或对角处,单击光标拖动即可进行裁剪。完成图形图片操作,即可使用 CAD 绘制的图形,可以在 Word 文档中将图片复制移动任意位置使用。

(二)输出 PDF 格式文件应用到 Word 文档中

将 CAD 绘制的图形输出为 PDF 格式文件,输出的图形文件保存在电脑某个目录下。

在电脑中找到该文件,单击选中,然后单击右键弹出快捷菜单,在快捷菜单上选择"复制",将图形复制到 Windows 系统剪贴板中。

切换到 Word 文档中,在需要插入图形的地方单击右键选择快捷菜单中的"粘贴"或按"Ctrl+V"组合键,将剪贴板上的 PDF 格式图形复制到 Word 文档中光标位置。

注意:插入的 PDF 图形文件大小与输出文件大小有关,需要进行调整以适合 Word 文档窗口。方法是单击选中该文件,按住左键拖动光标调整其大小。

此外,使用 PDF 格式文件复制,需要在 CAD 输出 PDF 时调整合适方向及角度(也可以在 Acrobat pro 软件中调整),因为其不是 JPG/BMP 格式,PDF 格式文件插入 Word 文档后不能裁剪和旋转,单击右键快捷菜单选择"设置对象格式"中旋转不能使用。此乃 CAD 图形转换应用方法的不足之处。

(三)输出 JPG/BMP 格式文件应用到 Word 文档中

(1)将 CAD 绘制的图形输出为 JPG 格式图片文件,输出的图形图片文件保存在电脑某个目录下。

(2)在电脑中找到该文件,单击选中,然后单击右键弹出快捷菜单,在快捷菜单上选择"复制",将图形复制到 Windows 系统剪贴板中。

(3)切换到 Word 文档中,在需要插入图形的地方单击右键选择快捷菜单中的"粘贴"或按"Ctrl+V"组合键,将剪贴板上的 JPG 格式图形图片复制到 Word 文档中光标位置。

(4)插入的图片比较大,需要其图纸大小适合 Word 窗口使用。利用 Word 文档中的图形工具的"裁剪"进行调整,或利用设置对象格式进行调整,使其符合使用要求。BMP 格式的图形图片文件应用方法与此相同。

✋ **任务实施**

一、图形打印

暖通空调 CAD 图形绘制完成后,按下面方法即可通过打印机将图形打印到图纸上。

(1)打开图形文件。

(2)启动打印功能命令,可以通过如下方式启动:

①依次单击"文件(F)"下拉菜单,选择"打印(P)"命令选项。

②单击标准工具栏上的打印图标。

③在命令提示下,输入"PLOT"。

(3)设置:

①在"打印"对话框的"打印机/绘图仪"下,从"名称"列表中选择一种绘图仪。

②在"图纸尺寸"下,从"图纸尺寸"框中选择图纸尺寸,并在"打印份数"下,输入要打印的份数。

③在"打印区域"下,指定图形中要打印的部分。设置打印位置(包括向 X、Y 轴方向偏移数值或居中打印),同时注意在"打印比例"下,从"比例"框中选择缩放比例。

④有关其他选项的信息,请单击"其他选项"按钮。注意打印戳记只在打印时出现,不与图形一起保存。在"打印样式表(笔指定)"下,从"名称"框中选择打印样式表。在"着色视口选项"和"打印选项"下,选择适当的设置。

⑤在"图形方向"下,选择一种方向。

⑥单击"预览"进行打印效果预览,然后单击右键,在弹出的快捷菜单中选择"打印"或"退出"。

二、将建筑平面图输出为 PDF 格式图形文件

三、将建筑平面图输出为 JPG 格式图形文件

四、将建筑平面图输出为 BMP 格式图形文件

五、将 CAD 图形应用在 Word 文档中保存提交

六、任务评价

姓名			学号			组别	
班级			日期			组长签字	
类别	项目	考核内容	自评	小组评	教师评	总分	评分标准
理论	基础知识（100分）	会启动打印功能选项（25分）					
		能够选择合适的打印机/绘图仪（25分）					
		输出为其他格式图形文件方法（25分）					
		CAD图形应用在Word文档中的方法（25分）					
技能	技能目标（60分）	启动打印功能选项方式正确（15分）					
		选择合适的打印机/绘图仪（15分）					
		正确输出为其他格式的图形文件（15分）					
		正确将CAD图形应用在Word文档中（15分）					
	任务完成质量（30分）	掌握熟练程度（10分）					
		准确及规范度（10分）					
		工作效率或完成任务速度（10分）					
	职业素养（10分）	遵守操作规范，养成良好的制图习惯；尊重他人劳动，不窃取他人成果；遵守课堂秩序；严格执行上机操作秩序规定（10分）					

项目小结

1."背景屏蔽"选项被勾选后,文字可以遮盖背景,屏蔽作用随文字移动存在。

2."多行文字"允许硬回车,也可以由页宽控制段落的宽度;"行距系数"与 AutoCAD 的 MTEXT 中的行距有所不同,本系数表示的是行间的净距,单位是当前的文字高度,比如"1"为两行间相隔一空行,本参数决定整段文字的疏密程度;"字高"是以毫米单位表示的打印出图后实际文字高度,已经考虑当前比例;"对齐"决定了文字段落的对齐方式,有左对齐、右对齐、中心对齐、两端对齐四种对齐方式。

3.转角自纠用于翻转调整图中单行文字的方向,符合制图标准对文字方向的规定,可以一次选取多个文字一起纠正。

4.直径标注命令在图中标注弧线或圆弧墙的直径,尺寸文字容纳不下时,会按照制图标准规定,自动引出标注在尺寸线外侧。

5.角度标注按逆时针方向标注两根直线之间的夹角,注意按逆时针方向选择要标注的直线的先后顺序。

6."页面设置"对话框的标题显示了当前布局的名称。列出图形中已命名或已保存的页面设置,可以将图形中保存的命名页面设置作为当前页面设置,也可以在"打印"对话框中单击"添加",基于当前设置创建一个新的命名页面设置。

7.根据需要,对图形打印比例进行设置。一般地,在绘图时图形是以毫米(mm)为单位,按1∶1 绘制的,即设计大的图形长 1 m(1000 mm),绘制时绘制 1000 mm。因此,打印是可以使用任何需要的比例进行打印,包括按布满图纸范围打印、自行定义打印比例大小。

8.在"打印"对话框的"打印机/绘图仪"下的"名称"框中,从"名称"列表中选择"DWG To PDF.pc3"配置,可以通过指定分辨率来自定义 PDF 输出。

9.按下键盘上的 PrtSc 按键,将当前计算机屏幕上所有显示的图形复制到 Windows 系统的剪贴板;然后切换到 Word 文档窗口中,单击右键,在快捷键上选择"粘贴"或按"Ctrl+V"组合键,图形图片即可复制到 Word 文档光标位置。

10.插入的 PDF 图形文件大小与输出文件大小有关,需要进行调整以适合 Word 文档窗口。方法是单击选中该文件,按住左键拖动光标调整其大小。

项目测评

1.下列( )不属于尺寸标注对象的组成部分。

A.尺寸界线　　　　　　　　　　B.尺寸线
C.标注文字　　　　　　　　　　D.标注图形

2."新建标注样式"对话框中不包括下列( )选项卡。

A. 直线   B. 文字

C. 箭头和符号   D. 显示

3. 在"弧长符号"区设置弧长符号的显示位置时,有 3 个单选按钮供选择。下列选项
(　　)不在这 3 种选择中。

A. 标注文字的前缀   B. 标注文字的上方

C. 标注文字的下方   D. 无

4. 创建多行文字的命令是(　　　)。

A. DDEDIT   B. MTEXT

C. DTEXT   D. TABLESTYLE

5. 半径尺寸标注的标注文字的默认前缀是(　　　)。

A. D   B. R

C. Rad   D. Radius

参考文献

[1]任振华,张秀梅. AutoCAD 暖通空调设计与天正暖通 THvac 工程实践:2014 中文版[M]. 北京:清华大学出版社,2017.

[2]谭荣伟. 暖通空调 CAD 绘图快速入门[M]. 2 版. 北京:化学工业出版社,2020.

[3]钮立辉. 工程绘图软件应用(AutoCAD)[M]. 2 版. 北京:中国铁道出版社,2016.